高等学校信息技术
人才能力培养系列教材

Office

A Practice Coursebook for
College Computer Science

大学计算机
实践教程

Windows 10+Office 2016

方玲玲 王洪东 ◉ 编著

人 民 邮 电 出 版 社

北 京

图书在版编目（CIP）数据

大学计算机实践教程：Windows 10+Office 2016 /
方玲玲，王洪东编著. -- 北京 ：人民邮电出版社，
2022.7（2024.7重印）
高等学校信息技术人才能力培养系列教材
ISBN 978-7-115-58546-2

Ⅰ．①大… Ⅱ．①方… ②王… Ⅲ．①Windows操作系
统－高等学校－教材②办公自动化－应用软件－高等学校
－教材 Ⅳ．①TP316.7②TP317.1

中国版本图书馆CIP数据核字(2022)第015650号

内 容 提 要

　　本书是《计算机科学概论与计算思维》的配套实践用书，用于补充和拓展大学计算机基础教学中的实践教学部分。全书共 6 章，内容包括微机硬件系统与中文输入、Windows 10 操作系统、文字处理软件 Word 2016、电子表格软件 Excel 2016、演示文稿软件 PowerPoint 2016、计算机网络配置与应用，每章最后都设置了精心设计的上机实践环节。

　　作为以应用为核心的教材，本书可以独立使用。书中案例丰富，讲解翔实，具有很强的指导性。本书适合作为高等学校计算机基础课程的实践指导教材，也可作为全国计算机等级考试 Office 实践部分的培训教材。

　◆ 编　　著　方玲玲　王洪东
　　　责任编辑　韦雅雪
　　　责任印制　王　郁　陈　犇
　◆ 人民邮电出版社出版发行　　北京市丰台区成寿寺路 11 号
　　　邮编　100164　　电子邮件　315@ptpress.com.cn
　　　网址　https://www.ptpress.com.cn
　　　北京市艺辉印刷有限公司印刷
　◆ 开本：787×1092　1/16
　　　印张：10.75　　　　　　　　　　2022 年 7 月第 1 版
　　　字数：260 千字　　　　　　　　2024 年 7 月北京第 4 次印刷

定价：39.80 元

读者服务热线：(010)81055256　印装质量热线：(010)81055316
反盗版热线：(010)81055315
广告经营许可证：京东市监广登字 20170147 号

前　言

本书根据教育部高等学校大学计算机课程教学指导委员会提出的《大学计算机基础课程教学基本要求》编写而成，是《计算机科学概论与计算思维》的配套实践用书，用于补充和拓展大学计算机教学中的实践教学部分，目标是使学生掌握最新、最实用的计算机操作技能。本书的内容体现了计算机基础应用领域的新技术，强调了其实用性。

《计算机科学概论与计算思维》一书侧重于计算机科学的基本理论、原理、新技术、新思想以及发展趋势，而本书面向具体应用。本书共分为6章，第1章介绍微机硬件系统与中文输入，第2章介绍Windows10操作系统的知识及其使用方法，第3章介绍文字处理软件Word 2016的基本操作，第4章介绍电子表格软件Excel 2016的基本操作，第5章介绍演示文稿软件PowerPoint 2016的基本操作，第6章介绍计算机网络配置与应用的相关知识，每章末都精心设计了上机实践环节。本书提供配套的教学课件和相关素材等辅助资源，用书教师可登录人邮教育社区（www.ryjiaoyu.com)进行下载。

党的二十大报告中提到："培养造就大批德才兼备的高素质人才，是国家和民族长远发展大计。功以才成，业由才广。"本书及相应的主教材注重帮助学生提升综合素质，在教学实践中得到了师生的高度认可：在理论环节上，学生不但掌握了计算机科学的基本理论知识，而且紧跟计算机技术的新发展，了解了计算机的新技术与新应用，建立起了计算思维的概念；在实践环节上，学生掌握了计算机的基本组成与日常维护方法，能够熟练使用常用办公软件、配置计算机网络，满足学习和生活的实际需要。

本书由方玲玲、王洪东编著。由于作者水平有限，书中难免存在不足之处，请读者批评指正。

编者

2023年6月

目　　录

第1章　微机硬件系统与中文输入 1

1.1　微机的硬件系统组成 1

1.1.1　微处理器 1

1.1.2　主板 2

1.1.3　内存 4

1.1.4　硬盘 6

1.1.5　显卡 8

1.2　微机的基本维护及常见故障的排除方法 9

1.2.1　微机系统故障产生的原因 10

1.2.2　微机系统故障诊断的步骤和原则 11

1.2.3　常用维修方法 13

1.3　微机的中文输入方法 15

1.3.1　键盘的基本知识 15

1.3.2　中文输入法 16

1.4　上机实践 18

1.4.1　上机实践1 18

1.4.2　上机实践2 19

第2章　Windows 10 操作系统 20

2.1　Windows 10 简介 20

2.1.1　Windows 10 版本介绍 20

2.1.2　Windows 10 新功能体验 21

2.2　Windows 10 的基本操作 22

2.2.1　Windows 10 的启动与退出 22

2.2.2　Windows 10 的桌面 23

2.2.3　Windows 10 的窗口 24

2.3　Windows 10 的个性化设置 26

　　2.3.1　设置桌面 26

　　2.3.2　设置窗口 28

　　2.3.3　设置屏幕保护程序 28

　　2.3.4　更改显示效果设置 29

　　2.3.5　设置任务栏 30

2.4　管理用户账户 31

　　2.4.1　创建新用户账户 32

　　2.4.2　更改账户类型 33

　　2.4.3　删除本地账户 33

2.5　应用程序 34

　　2.5.1　启动应用程序 34

　　2.5.2　切换应用程序 34

　　2.5.3　关闭应用程序 35

　　2.5.4　卸载应用程序 35

2.6　文件与文件夹 36

　　2.6.1　认识文件与文件夹 36

　　2.6.2　文件与文件夹的基本操作 37

　　2.6.3　隐藏与显示文件或文件夹 40

　　2.6.4　设置快捷方式 41

2.7　Windows 10 附件工具 43

　　2.7.1　计算器 43

　　2.7.2　写字板 44

　　2.7.3　画图工具 44

　　2.7.4　截图工具 45

2.8　磁盘管理 45

　　2.8.1　检查磁盘 45

　　2.8.2　清理磁盘 46

　　2.8.3　整理磁盘碎片 48

2.9　Windows 10 中文输入法 48

　　2.9.1　Windows 10 中文输入法介绍 48

　　　2.9.2　在 Windows 10 中添加中文输入法 49

　　2.10　上机实践 50

　　　2.10.1　上机实践 1 50

　　　2.10.2　上机实践 2 52

第 3 章　文字处理软件 Word 2016 53

　　3.1　Microsoft Office 2016 概述 53

　　3.2　Word 2016 窗口 55

　　3.3　文档的基本操作 57

　　　3.3.1　创建文档 57

　　　3.3.2　保存文档 57

　　　3.3.3　关闭文档 58

　　　3.3.4　保护文档 59

　　3.4　文档编辑 60

　　　3.4.1　输入内容 60

　　　3.4.2　编辑文档内容 62

　　　3.4.3　拼写和语法检查 64

　　3.5　格式设置 64

　　　3.5.1　设置文字格式 64

　　　3.5.2　设置段落格式 66

　　　3.5.3　特殊中文排版 70

　　3.6　排版设置 73

　　　3.6.1　页面设置 73

　　　3.6.2　分栏设置 74

　　　3.6.3　边框和底纹 75

　　3.7　图形设置 77

　　　3.7.1　插入图片 77

　　　3.7.2　编辑图片 78

　　　3.7.3　设置图片的环绕方式 79

　　　3.7.4　设置图片的排列方式 80

　　3.8　表格设置 81

　　　3.8.1　创建表格 81

3.8.2　编辑表格 82

3.8.3　修改表格布局 82

3.8.4　设置表格的排序方式 84

3.9　页面和打印设置 85

3.9.1　页眉和页脚设置 85

3.9.2　插入页码 86

3.9.3　样式和目录设置 87

3.9.4　打印设置 88

3.10　上机实践 89

3.10.1　上机实践 1 89

3.10.2　上机实践 2 90

第 4 章　电子表格软件 Excel 2016 93

4.1　Excel 2016 窗口 93

4.2　工作表数据 94

4.2.1　数据类型 94

4.2.2　数据的输入方法 95

4.3　编辑和格式化工作表 96

4.3.1　编辑工作表 96

4.3.2　格式化工作表 98

4.4　公式和函数 102

4.4.1　公式 102

4.4.2　函数 103

4.4.3　函数的应用 106

4.4.4　单元格的引用 114

4.5　数据库操作 115

4.5.1　数据的排序 115

4.5.2　数据的筛选 116

4.5.3　分类汇总 118

4.5.4　合并计算 119

4.6　打印工作表 120

4.6.1　页面设置 120

4.6.2　打印设置 121

4.7　上机实践 121

4.7.1　上机实践 1 121

4.7.2　上机实践 2 122

第 5 章　演示文稿软件 PowerPoint 2016 125

5.1　PowerPoint 2016 窗口 125

5.2　演示文稿和幻灯片的基本操作 126

5.2.1　演示文稿的基本操作 126

5.2.2　幻灯片的基本操作 127

5.3　格式化演示文稿 128

5.3.1　设置文字和段落 128

5.3.2　设置幻灯片版式 129

5.3.3　设置幻灯片主题 130

5.3.4　设置幻灯片背景颜色 130

5.4　设置幻灯片效果 131

5.4.1　设置切换效果 131

5.4.2　设置动画效果 132

5.5　插入超链接和多媒体对象 134

5.5.1　插入超链接 134

5.5.2　插入多媒体对象 135

5.6　演示文稿的放映和打印 136

5.6.1　演示文稿的放映 136

5.6.2　演示文稿的打印 137

5.7　上机实践 138

5.7.1　上机实践 1 138

5.7.2　上机实践 2 140

第 6 章　计算机网络配置与应用 143

6.1　局域网的配置与资源共享 143

6.1.1　共享文件夹 143

6.1.2　共享打印机 145

6.1.3　TCP/IP 的属性设置 148

6.2　网络信息的检索 150

　　6.2.1　信息搜索 150

　　6.2.2　搜索引擎的工作原理 152

　　6.2.3　中国知网的使用 153

6.3　Internet 服务与应用 154

　　6.3.1　万维网服务 154

　　6.3.2　电子邮件服务 156

　　6.3.3　文件传输服务 157

　　6.3.4　网盘 158

　　6.3.5　Telnet 远程登录服务 159

6.4　上机实践 160

　　6.4.1　上机实践 1 160

　　6.4.2　上机实践 2 160

参考文献 162

第1章
微机硬件系统与中文输入

微型计算机（以下简称"微机"）作为日常生活中必备的基本工具，了解其基本的硬件组成，掌握其日常维护及常见故障的排除方法，并熟练使用，是很有必要的。

本章的主要内容包括微机的硬件系统组成，微机的基本维护及常见故障的排除方法，以及微机的中文输入方法。

1.1　微机的硬件系统组成

微机硬件系统由主机和外部设备组成。主机一般指主机箱及安装在其内部的部件，主机箱内部的部件主要包括主板、微处理器、内存、显卡、硬盘等。外部设备通过输入/输出接口与主机相连，除常见的键盘、显示器、鼠标外，还包括打印机、扫描仪、U盘、摄像头、耳机等。本节介绍常用于衡量微机性能的一些主要部件，包括这些部件的性能、主流产品型号及选择原则等内容。

1.1.1　微处理器

微处理器（microprocessor）是微机系统的内核，对微机系统的整体性能起着决定性作用。目前微机的主流微处理器由 Intel 和 AMD 两家公司生产，Intel 公司的 Core（酷睿）系列微处理器占据了市场的主要份额。

Intel Core 处理器包括 i3、i5、i7、i9 系列。Inter Core i9 系列属于高性能处理器速度远高于 Inter Cord i3 系列、Inter Core i5 系列等。

Intel Core i7 系列具有 4 核心、8 线程、高主频、超大容量三级缓存等特性，适用于图形设计、视频编辑、多任务处理等对微机性能有较高要求的领域。

Intel Core i5 系列是 Intel Core i7 系列的低规格版本。Intel Core i5 系列多为 4 核心、4 线程，缓存容量和处理器频率均略低于 Intel Core i7 系列，不具有多线程特性。大部分软件在 Intel Core i5 和 Intel Core i7 系列微处理器上的运行效果差异并不大。就用户而言，如果确定不需要使用超线程技术，那么 Intel Core i5 系列处理器是比 Intel Core i7 系列处理器性价比更高的选择。

Intel Core i3 系列多为双核心、4 线程，缓存容量与 Intel Core i5 系列相比有所缩减。目前的很多软件仅对双核处理器实施了优化，多数软件很难充分利用 4 核心、8 线程微处理器的能力，所以 Intel Core i3 系列处理器完全可以满足日常工作与生活的需要，具有较高的性价比。

图 1-1 所示为 Intel Core 微处理器。下面是 Intel Core i9 9900KS 微处理器的主要参数。

型号：Inter Core i9 9900KS。

芯片厂商：Intel 公司。

核心数量：8 核。

线程数：16 线程。

基础频率：4.0GHz。

三级缓存：16MB。

图 1-1　Intel Core 微处理器

1.1.2　主板

主板（mainboard），也称系统板（systemboard）。主板与微处理器一样，是微机系统中最关键的部件之一。它既是连接各个部件的物理通路，也是在各个部件之间传输数据的逻辑通路。从某种意义上说，主板比微处理器更关键，因为几乎所有的部件都会连接到主板上。主板是微机系统中最大的一块电路板，主板的性能将直接影响整个系统的运行状况。当微机工作时，数据从输入设备输入，由微处理器处理，再由主板负责组织、输送到各个部件，最后经过处理的数据经输出设备输出。

1.　主板的类型

主板是与微处理器配套最紧密的部件，每出现一款新型的微处理器，主板厂商都会推出与之配套的主板控制芯片组，否则新型微处理器将不能充分发挥其性能。通常，主板分为 ATX、Micro-ATX、Mini-ITX 等类型。

（1）ATX 主板

标准 ATX 主板也称"大板"，其主要特点是将键盘接口、鼠标接口、串口、并口、声卡接口等直接设计在主板上，主板上有 6~8 个扩展插槽。

（2）Micro-ATX 主板

Micro-ATX 主板也称"小板"，保持了标准 ATX 主板背板上的外设接口位置，与标准 ATX 主板兼容。Micro-ATX 主板把扩展插槽减少为 3~4 个，缩小了主板的宽度，比标准 ATX 主板的结构更紧凑。

（3）Mini-ITX 主板

Mini-ITX 主板是紧凑型迷你主板，其标准尺寸为 170mm×170mm，是专门为小空间优化设计的主板。由于其具有紧凑的特点，因此适合装配在商业和工业设备的各种小机箱上，如汽车、机顶盒、瘦客户机（thin client）和网络设备等。

2. 微机主板的选择

（1）考虑主板微处理器的插槽类型

选择的主板的插槽必须能插入用户选择的微处理器。例如，如果微处理器为 LGA 1150 的 Intel Core i7-4790K，那么必须选择插槽类型是 LGA 1150 的主板。

（2）考虑内存的需求

目前的微机一般需要支持 4GB 以上内存的主板。ATX 和 Micro-ATX 主板一般都配有 4 个或更多个内存插槽；Mini-ITX 主板一般只有两个，但每个主板也足够 8GB 的容量。在多数情况下，应选择预留有插槽升级空间的主板。

（3）考虑 PCI Express 总线插槽

主板上提供的 PCI Express 总线插槽，一般包括插显卡的标准 PCI Express x16 总线插槽，更小的还有 PCI Express x8/x4/x1 总线插槽，用于扩展主板功能。主板其实已经内置了部分功能，如板载声卡和网卡等。如果需要更出色的性能，那么用户可以扩展独立声卡、独立网卡和显卡等，此时就需要考虑 PCI Express 总线插槽的数量和标准，还需要考虑独立的扩展卡是否支持 x16、x8、x4 或 x1 类型的 PCI Express 总线插槽。

（4）考虑接口的数量

主板上需要有足够的接口以插入硬盘，还要预留接口以方便未来的升级。另外，如果需要固态硬盘，还要确保 SATA 接口的传输速度能达到 6 Gbit/s，也就是 SATA 接口满足 3.0 标准，以便充分发挥固态硬盘的性能。除 SATA 接口之外，有时还要考虑其他常用接口，如是否配备足够数量的 USB 3.0 接口，是否配备光纤、音频接口等。

图 1-2 所示为华硕 PRIME Z690-P D4 主板。下面是该主板的主要参数。

型号：华硕 PRIME Z690-P D4。

适用类型：台式机。

芯片厂商：Intel 公司。

微处理器插槽：LGA 1700。

主板板型：ATX。

支持内存类型：4×DDR4 DIMM。

内存频率：DDR4 5333MHz。

PCI-E 标准：PCI-E5.0。

USB 接口：4×USB3.2 Gen1。

图 1-2　华硕 PRIME Z690-P D4 主板

1.1.3　内存

内存（memory）是计算机中的重要部件之一，是所有设备与微处理器进行沟通的桥梁，主要用于暂时存放微处理器中的运算数据，以及与硬盘等外部存储器交换的数据。由于计算机中的所有程序都在内存中运行，因此内存的性能影响着整个系统的稳定性。

1. 内存的构造

内存主要由内存颗粒、PCB 电路板、金手指等部分组成。目前，市场上单根内存的容量主要有 2GB、4GB、8GB 等。图 1-3 所示为金士顿 DDR3 8GB 内存。

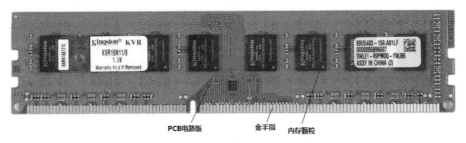

图 1-3　金士顿 DDR3 8GB 内存

（1）内存颗粒

内存颗粒是内存中最重要的元件，它直接影响着内存的性能。

（2）PCB 电路板

PCB 电路板的作用是连接内存芯片引脚与主板信号线。主流内存的 PCB 电路板层数一般是 6
层。这类电路板具有良好的电气性能，可以有效地屏蔽信号干扰。而一些高规格内存往往配备了
8 层 PCB 电路板，以实现更好的性能。

（3）金手指

内存条上的黄色金属小条通常被称为金手指，它直接影响着内存的兼容性与稳定性。金手指
采用化学镀金工艺，一般内存的金属层厚度在 3 ~ 5 微米。通常较厚的金属层不易磨损，并且其触
点的抗氧化能力较强，因此其使用寿命更长。

2.　内存的选择

（1）主板对内存的支持

目前微机所采用的内存主要有 DDR3 和 DDR4 两种，DDR4 内存是目前的主流产品。由于不
同类型的 DDR 内存从内存控制器到内存插槽都互不兼容，因此在选择内存时，需要明确主板支持
的内存类型。

（2）选择合适的内存容量和频率

内存的容量会影响系统的整体性能。现在微机的内存通常在 4GB 以上。内存与微处理器一样，
有自己的工作频率，称为内存主频。内存主频越高，在一定程度上表示内存所能达到的存取速度
就越快，这决定了该内存最高能在什么样的频率下正常工作。目前主流的内存主频有 2400MHz、
3000MHz 等。

下面是图 1-3 所示金士顿 DDR3 内存的主要参数。

内存类型：DDR3。

内存主频：1600MHz。

内存容量：单条，1×8GB。

颗粒封装：FBGA。

包装：盒装。

1.1.4　硬盘

硬盘即硬盘驱动器，是微机中容量最大、使用最频繁的存储设备。硬盘的存储介质是若干个刚性磁盘片，硬盘由此而得名。与微处理器、主板、显卡这一类主要依靠半导体技术的产品不同，硬盘是综合了机械技术、材料技术、电磁技术和半导体技术等技术的产品。

1. 硬盘分类

硬盘接口是连接硬盘与主机系统的部件，作用是在硬盘缓存和主机内存之间传输数据。在微机系统中，硬盘接口的性能直接影响着数据传输速度和系统性能。从接口来看，硬盘接口分为 IDE、SATA、SCSI 和光纤通道 4 种。IDE 接口的硬盘多用于早期的微机产品，部分也应用于服务器；SCSI 接口的硬盘则主要应用于服务器；光纤通道接口的硬盘应用于高端服务器；SATA 接口的硬盘主要应用于微机市场，现已发展至 SATA 3.0，是现在的主流产品。

（1）IDE 硬盘

常见的电子集成驱动器（integrated drive electronics，IDE）硬盘是指把"硬盘控制器"与"盘体"集成在一起的硬盘驱动器。IDE 接口是并行接口，具有价格低廉、兼容性强的特点，曾是微机硬盘的主流产品，现在逐渐被 SATA 接口的硬盘取代。

（2）SATA 硬盘

使用 SATA（serial ATA）接口的硬盘又称串口硬盘。SATA 硬盘采用串行连接方式，串行 ATA 总线使用嵌入式时钟信号，具备很强的纠错能力。其特点是能对传输指令（不仅是数据）进行检查，如果发现错误就会自动矫正，这在很大程度上提高了数据传输的可靠性。SATA 硬盘还具有结构简单、支持热插拔的优点。

（3）SCSI 硬盘

小型计算机系统接口（small computer system interface，SCSI）不是专门为硬盘设计的，而是广泛应用于小型计算机上的。SCSI 硬盘具有应用范围广、支持多任务、带宽大、微处理器占用率低，以及支持热插拔等优点，主要应用于中、低端服务器。

（4）光纤通道硬盘

光纤通道（fiber channel）是专门为网络系统设计的接口技术，但随着存储系统对速度的需求，它逐渐被应用到硬盘系统中。光纤通道硬盘具有支持热插拔、带宽大、支持远程连接、可连接设备数量多等特性。

2．硬盘驱动器的主要性能指标

（1）硬盘容量

硬盘作为计算机中主要的外部（辅助）存储器，其容量是重要的性能指标。硬盘的容量通常以 GB 为单位，大部分硬盘厂家标称硬盘容量时以 1000Byte 为 1KB，而计算机以 1024Byte 为 1KB，因此测试值往往小于其标称值。

（2）硬盘速度

数据传输率是硬盘速度的重要指标，分为外部数据传输率和内部数据传输率。外部数据传输率是指硬盘的缓存与系统主存之间交换数据的速度；内部数据传输率是指硬盘磁头从缓存中读写数据的速度。硬盘的数据传输率通常以 Mbit/s 或 MB/s 为单位，硬盘的数据传输率越高，表明其传输数据的速度越快。衡量硬盘速度的性能指标还包括平均寻道时间、平均等待时间、平均访问时间，这些指标都以毫秒（ms）为单位。

（3）硬盘转速

硬盘转速（rotationl speed）是硬盘的重要参数之一，硬的的转速越快，其寻找文件的速度越快，硬盘的数据传输速率也就越快。硬盘转速以每分钟多少转来表示，单位为 r/min（revolutions per minute）。转速为 7200 r/min 的硬盘已成为台式机中的主流硬盘。

（4）接口

硬盘接口主要包括 IDE、SCSI、SATA 和光纤通道 4 种。目前，IDE 接口的硬盘仍占有一定的市场份额，而 SATA 接口的硬盘由于其具有更多优势，正逐渐取代 IDE 接口的硬盘。

（5）缓存容量

硬盘的缓存容量与速度直接影响着硬盘的数据传输速率，缓存容量越大，硬盘的读取速度就越快。缓存容量一般为 2MB、8MB、16MB、64MB 等。

图 1-4 所示为希捷 SATA 硬盘。下面是存储容量为 1TB、缓存容量为 64MB 的 SATA 3.0 希捷硬盘的主要参数。

容量：1TB。

转速：7200 r/min。

缓存容量：64MB。

接口标准：SATA 3.0。

传输标准：SATA 6.0Gbit/s。

图 1-4　希捷 SATA 硬盘

1.1.5　显卡

显卡（显示适配器）是显示器与主机通信的控制电路和接口。显卡和显示器构成了微机的显示系统。

1．显卡的功能

显卡是一块独立的电路板，安装在主板的扩展插槽中。在 All-In-One 结构的主板上，显卡直接集成在主板中。显卡的主要作用是在程序运行时根据微处理器提供的指令和有关数据，对程序运行过程和结果进行相应的处理，并将得到的结果转换成显示器能够接收的文字和图形显示信号后，通过显示器显示出来。换句话说，显示器必须依靠显卡提供的显示信号才能显示出各种文字和图形。

从显卡与微机总线接口的角度来看，显卡主要经历了 ISA、EISA、VESA、PCI、AGP、PCI-E 等接口阶段。目前，新发布的显卡大多数使用 PCI-E x16 接口。

2．显卡的基本结构和参数

显卡包括显示芯片、显示内存、VGA 插座、S-Video 端口、DVI 插座等主要部件。由于显卡运算速度快、发热量大，因此为了散热，显卡厂商通常会在显示芯片、显示内存上用导热性能较好的硅胶粘上一个散热风扇（有的是散热片），显卡上有一个 2 芯或 3 芯插座为其供电。

（1）显示芯片

显示芯片又称图形处理单元或图形处理器（graphic processing unit，GPU），是显卡的核心芯片。它的性能直接决定了显卡的性能，它的主要任务是对从总线传输过来的显示数据进行构建、渲染等处理。

（2）显示内存

显示内存也称显卡缓冲存储器（video RAM），简称"显存"，用于存放显示芯片处理后的数据。我们在显示器上看到的图像的数据都存放在显示内存中。目前显卡中常见的显示内存芯片类型为 DDR3 及以上。

图 1-5 所示为精视 GeForce GTX 显卡。下面是 GeForce GTX 显卡的主要参数。

显卡类型：台式机显卡。

显卡型号：NVIDIA GeForce GTX 750 Ti。

显卡接口标准：支持 PCI-E 3.0。

显存容量：2048MB。

显存类型：GDDR5。

最大分辨率：2560 像素×1600 像素。

图 1-5　精视 GeForce GTX 显卡

1.2　微机的基本维护及常见故障的排除方法

现在微机已经进入大规模和超大规模集成电路时代。从维修的角度来看，随着芯片的集成度越来越高，微机上所用的单个元件的数量越来越少。微机的维修已从单纯的硬件元器件的维修逐步过渡到硬件维修与软件检测、诊断相结合的方式。可以说，真正的零件级维修几乎不存在了，绝大部分维修都采取了更换、替代或屏蔽的方法。这就使维修微机变得更加方便易行。

微机的维修通常包括故障诊断和故障排除两个步骤。故障诊断是指根据故障现象，利用适当的方法确定故障发生的具体原因和位置，也就是进行故障的定位。因此，故障诊断是微机维修的基础，也是微机维修的主要内容和技术难点。定位故障后就可以比较容易地"对症下药"，迅速排除故障，恢复系统的正常运行。

查找系统故障的一般原则是"先软后硬，先外后内"。先软后硬，就是指出现故障后应该先从软件和操作方法的角度分析，看是否能够发现问题并找到对应的解决办法；先外后内，就是指发现故障后要仔细观察和分析故障现象与错误提示，从外围着手，由表及里、由易到难地查找故障。

下面介绍微机系统故障产生的原因，微机系统故障诊断与维修的基本步骤和方法等。

1.2.1 微机系统故障产生的原因

微机系统故障产生的原因有很多，主要介绍以下几个。

1. 硬件原因

硬件故障主要包括印制电路板故障、集成电路故障、元器件故障等。

印制电路板出现故障的主要原因包括制造工艺或材料质量有缺陷引起的插头、插件板、接插件间的接触不良、碰线、断头等，导线和引脚的虚焊、漏焊、脱焊、短路等，以及印制电路板被划伤、出现裂痕，线间、引脚孔之间或金属孔之间的距离过近等。若印制电路板存在以上问题，微机在开始时或许可以正常使用，但随着外界环境的影响，如受潮、发霉、震动等，就会出现故障。

集成电路、元器件出现故障的主要原因是采用了质量不够好的元器件。这些元器件在使用一段时间后性能会下降。

由于品牌机的装配工艺、检测设备、元器件等通常都比较规范可靠，出现故障的可能性相对较小；而组装的兼容机出现故障的可能性较大。

2. 病毒原因

计算机病毒对微机系统有极大的危害，常造成数据丢失、系统不能正常运行等问题。目前，已知的计算机病毒有几万种，不同的病毒对计算机造成的危害也不同，其主要危害包括破坏操作系统和计算机中的文件及数据，干扰计算机的正常运行等。因此，要重视和加强预防，及时检测、及时发现、及时清除计算机病毒。具体措施为：建立定期检测制度，以便及时发现、清除病毒（如每次开机时自动检测）；安装具有即时杀毒能力的杀毒软件。若在正常操作的情况下出现了某种故障现象，应先排除病毒的影响，再进行其他处理。

3. 人为原因

操作者不遵守操作规程，不注意操作步骤，也常会引起微机系统的故障。人为引起的故障分为硬故障和软故障两种。频繁地开关机，在通电时插拔连接线或接口卡，微机受到较强震动等均会造成硬故障。产生软故障的原因包括软件设置不正确、随意删除文件、软件版本不兼容等。出现软故障后，虽然能够用软件对微机系统进行恢复，但会降低微机的使用效率，造成微机在短期内不能正常使用。因此，应严格按规程进行微机的软硬件操作，包括开机、关机、启动等，以及软件系统的安装和使用等。在不了解正确操作步骤和规程之前，不要随意操作，以便减少人为引起的故障。

4. 温度原因

微机在 10℃～30℃ 的环境温度下能正常工作。如果通风不良或机箱内装入了较多的接口卡，会使机箱内的热量增加，导致机箱内局部区域的温度升高，从而使集成电路芯片和对温度敏感的元器件不能正常工作。

工作温度过高对电路中的元器件影响最大。首先会加速其老化，其次会使芯片插脚焊点脱焊，最后会使芯片或芯片与连接引线之间发生断裂。当温度高达一定的值时，会造成间断性的数据错误或数据丢失，导致磁盘出现故障、磁盘片上的信息丢失等。在工作温度过高时微机系统应立即停止运行，进行加速散热处理后，应采取相应的降温措施或进行间断性工作。

5. 环境原因

微机系统运行时产生的静电、电子设备周围产生的磁场等，往往容易吸附带电的灰尘微粒，环境湿度越低，这种情况越明显。如果不及时清除，灰尘微粒就会越积越多，可能使微机系统出现故障。例如，堆积在电路和元器件上的灰尘及杂质使电路和元器件与空气隔绝，阻碍散热，从而导致电路和元器件散热不良，甚至被损坏；电路和元器件上的灰尘降低了电路的绝缘性能，这在环境湿度较高时更为严重，可能导致电路中的数据传输和控制失效，从而导致微机系统出现故障。灰尘对微机系统的机械部分也有极大的影响，如打印机的机械传动机构、导轨等极易受灰尘的影响，出现过热、运动不良等问题，从而导致微机系统不能正常工作。

此外，电磁辐射也会造成微机系统故障。电磁辐射会使微机系统失常或遭到破坏，如导致程序中止、出错，磁盘读/写错误，信息显示混乱，死机，数据丢失，主板上的元器件损坏等。

1.2.2　微机系统故障诊断的步骤和原则

微机系统故障的诊断是一项非常复杂的工作，涉及的知识面非常广，要求操作人员既要有一定的理论知识，又要有相当丰富的实践经验。微机系统故障的诊断涉及硬件知识，诊断时既要进行动态的通电检测，又要进行静态的断点检测。同时，故障的诊断还涉及软件知识，包括操作系统、文件结构、软件系统等方面的内容。作为微机使用者，掌握以上全部内容有一定的难度。下面介绍一些故障诊断的基本步骤和原则，为使用者提供基本的故障诊断思路，从而帮助使用者在微机系统发生故障时大致确定故障产生的位置，解决一般的使用问题，避免发生更大的故障。

1. 微机系统故障诊断的步骤

微机系统故障的诊断可参考以下步骤进行。

（1）区分是软件故障还是硬件故障

若微机在通电启动时能进行自检，并能显示自检后的系统配置情况，则表明微机系统主机的硬件基本没有问题，故障可能是软件引起的。

（2）区分是系统软件故障还是应用软件故障

如果是系统软件故障，则应重新安装系统软件；如果是应用软件故障，则应重新安装应用软件。

（3）硬件故障的检查步骤

如果是硬件故障，则要先分清是主机故障还是外部设备故障，即从系统到设备，再从设备到部件。

从系统到设备是指在微机系统发生故障后，要确定是主机、键盘、显示器、打印机、硬盘等设备中的哪一个出现了问题。这里要注意关联部分的故障，如主机接口出现了故障，有可能表现为外部设备故障。

从设备到部件是指如果已确定主机出现了故障，则应进一步确定是内存、微处理器、BIOS、显卡等部件中的哪一个有问题。

总之，微机系统故障的诊断步骤是：由软到硬、由大到小、由表及里、循序渐进。对微机用户来说，将故障确定到部件一级即可，接下来的工作可联系专业的维修人员来解决。

2. 微机系统故障诊断的原则

在微机系统故障的诊断中，一般应遵循以下原则。

（1）由表及里

进行故障诊断时，应先从表面现象（如机械是否磨损，插件的接触是否良好、有无松动等），以及微机的外部部件（开关、引线、插头、插座等）开始检查，然后再检查内部部件。在检查内部部件时，也要遵循由表及里的原则，先直观地检查有无灰尘，再检查器件的接插情况及有无器件被烧坏等。

（2）先电源，后负载

微机系统的电源故障影响最大，这也是比较常见的故障。检查时应从供电系统到稳压电源，再到微机内部的直流稳压电源。先检查电源的电压，若各部分电压都正常，再检查微机系统本身，这时也应先从微机系统的直流稳压电源开始检查。若各直流输出电压正常，再检查负载部分，即微机系统的各部件和外部设备。

（3）先外部设备，后主机

微机系统是以主机为核心，外接若干外部设备的系统。在检测故障时，要先确定是主机故障还是外部设备故障。可以先断开微机系统的所有外部设备，但通常要保留显示器、键盘和硬盘，再进行检查。若有外部设备出现了故障，则应先排除外部设备故障，再检查主机故障。

（4）先静态，后动态

维修人员在维修时，应该先进行静态（不通电）直观检查或静态测试，在供电电压正常、负载无短路等情况下，确定通电后不会引起更大故障时，再通电让微机系统工作并进行检查。

（5）先常见故障，后特殊故障

微机系统的故障是多种多样的，有的故障现象相同但出现的原因可能不同。在检测时，应先从常见故障入手，或先排除常见故障，再排除特殊故障。

（6）先简单，后复杂

微机系统的故障性质各异。有的故障容易解决，排除简单，应先解决；有的故障解决难度较大，则应后解决。有的故障虽然看似复杂，但可能是由简单故障引起的，所以先排除简单故障可以提高故障的解决效率。

（7）先公共性故障，后局部性故障

微机系统的某些故障影响面大，涉及范围广。例如，主板上的控制器不正常会使其他部件都不能正常工作，所以应先排除公共性故障，然后再排除局部性故障。

（8）先主要，后次要

当微机系统不能正常工作时，其故障可能不止一处，且有主要故障和次要故障之分。例如，同时发生系统硬盘不能引导和打印机不能打印的故障，那么很显然硬盘不能正常工作是主要故障。一般影响微机系统基本运行的故障都属于主要故障，应先予以解决。

1.2.3　常用维修方法

针对不同的故障，要采取不同的维修方法。维修方法主要包括软件故障的维修方法和硬件故障的维修方法。

1. 软件故障的维修方法

软件故障比较复杂。维修时不但要观察程序、系统本身，而且要看提示了什么错误信息，再根据错误信息和故障现象分析并确定故障发生的原因。

（1）系统软件故障

有些软件在运行时对操作系统有一定的要求，只有满足了软件运行所需的条件，才能保证软件的正常运行。

（2）程序故障

在程序出现故障时，需要逐一检查程序的代码是否正确，程序是否完整，程序的装入方式是否正确，程序的操作步骤是否正确，有没有与程序相互影响和制约的软件等。

（3）计算机病毒

目前，计算机病毒对微机系统的影响非常大，它不仅影响软件和操作系统的运行，还影响打印机、显示器的正常工作。由于一般的微机用户对计算机病毒不太了解，因此他们在遇到一些微机"中毒"的现象时，往往以为是微机系统出了故障。实际上，此时应使用杀毒软件查杀病毒。

2. 硬件故障的维修方法

硬件故障的维修方法：先根据故障现象对其进行大致分类，在掌握了系统基本组成和基本原理的基础上，根据经验确定故障范围和可疑对象，然后利用下面的具体方法逐个排除故障，从而完成故障的定位。

（1）硬件故障的人工查找与维修方法

直接观察法：利用人的感官检查硬件是否有过热、烧焦、变形现象，是否有异常声音，有没有短路、接触不良现象，保险丝是否熔断，接插件是否松动，元器件是否有生锈和损坏的痕迹等。直接观察法简便易行，是查找故障的第一步，很多明显的故障都可以通过直接观察法发现。

敲击手压法：利用适当的工具轻轻敲击可能出现故障的部件，或用手将各种接插件、集成电路芯片等压紧，以保证它们接触良好。这种方法适用于检查焊点虚焊、接头松动等引起的接触不良故障。

分割缩小法：逐步隔离系统的各个部件，缩小故障范围，直至最后定位到故障。例如，对于"死机"故障，可以将系统内的各种适配器卡逐一从总线拔下，并重新启动系统；当拔出某个适配器卡后，系统能恢复工作，便可判断故障出在该适配器卡上。

拔插替换法：用具有相同功能的系统部件替换可能出现故障的部件，用好的元器件替换可能有故障的元器件，或者将微机中相同的部件或器件加以交换，便可迅速准确地找到故障位置。

静动态测量法：静态测量一般是指用万用表的电阻挡测量电路的通路、断路、短路情况和元器件的好坏，用电压挡测量某个状态下的静态工作电压，从而分析故障产生的原因；动态测量则是指用逻辑测试笔、示波器等测量仪器对相关各点的电平及变化情况、脉冲波形等进行观察分析，有时还需要用一些专门的测试软件进行配合。

（2）硬件故障的软件自动诊断与维修方法

①ROM BIOS 的上电自检（POST）程序。

POST 程序是固化在 ROM BIOS 中的，只要微机的电源一接通，它就会自动进行检查。POST 程序从硬件核心出发，依次对微处理器及其基本的数据通路、内存储器 RAM 和接口等进行检查。如果这些硬件通过了自检，则显示正常信息并发出提示正常的声响，然后进入操作系统。如果某一硬件没有通过自检，则显示错误信息并发出提示出错的声响，以指出故障部件。POST 程序是通电后自动执行的，无须用户干预，用户可以根据它给出的提示信息大致判断故障范围。运行 POST 程序的条件是：微处理器及其基本的外围电路、ROM 电路能够正常工作，以及至少 16KB 的 RAM 空间。

②运行诊断程序。

如果系统出现了故障，不能自动启动，但可以使用软件启动系统，则可通过故障诊断程序对微机进行检查。用户可通过诊断程序的出错代码了解出现故障的设备和故障的性质。

1.3 微机的中文输入方法

1.3.1 键盘的基本知识

键盘可以分为主键盘区、功能键区、编辑控制键区和小键盘区 4 个区域，如图 1-6 所示。

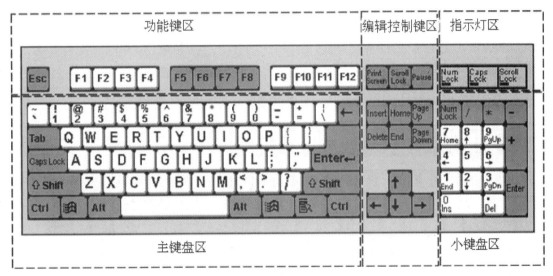

图 1-6 键盘分区示意图

1. 常用键的功能

<Enter>键（回车键）：表示命令结束，用于确认或换行。

<Caps Lock>键（大小写字母转换键）：按一下<Caps Lock>键，键盘右上角的 Caps Lock 指示灯亮，此时输入的字母均是大写字母；再按一下<Caps Lock>键，键盘右上角的 Caps Lock 指示灯灭，此时输入的字母均是小写字母。

<Shift>键（上档键）：有些键位有上下两种符号，分别称为上档字符和下档字符，按住<Shift>键，再按一下键位，则输入上档字符。

<Backspace>键（退格键）：按一下<Backspace>键，可以删除光标前的一个字符。

<Delete>键（删除键）：按一下<Delete>键，可以删除光标后的一个字符。

<Tab>键（制表键）：按一下<Tab>键，光标或插入点将向右移一个制表位。

<Esc>键（退出键）：按一下<Esc>键，一般可退出或取消操作。

<Alt>键（转换键）和<Ctrl>键（控制键）：这两个键需要与其他键配合使用，在不同的环境中这两个键的功能也不同；如使用<Alt+Tab>组合键可以实现在多个打开的窗口之间进行切换。

<Insert>键（插入键）：在文本编辑状态下，<Insert>键用于在"插入"和"改写"状态间切换。

<Num Lock>键（数字锁定键）：按一下<Num Lock>键，键盘右上角的键盘指示灯灭，表示锁定了数字键盘，此时小键盘区中的键不可用；再按一下<Num Lock>键，键盘右上角的键盘指示灯亮，此时小键盘区中的键恢复可用状态。

<Print Screen>键（打印屏幕键）：将屏幕中的内容复制到剪贴板或打印机上。

<Windows>键 ⊞：按下该键，屏幕中会出现 Windows 操作系统的开始菜单和任务栏。

2. 键盘的基本指法

键盘上的 A、S、D、F、J、K、L 以及"：/；"这 8 个键为基准键，输入时，将左右手的 8 个手指（大拇指除外）从左至右依次放在这 8 个键上，双手大拇指轻放在<Space>键上。左右手手指从基准键出发分别击打各自对应的键。左右手各手指的分工如图 1-7 所示。

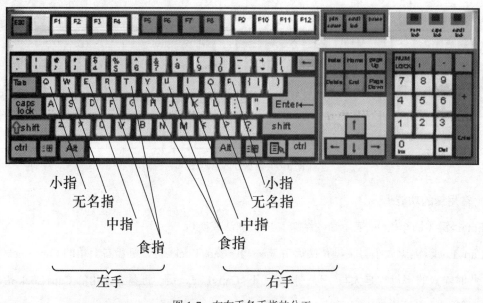

图 1-7　左右手各手指的分工

1.3.2　中文输入法

中文输入法也称汉字输入法，它是指将汉字输入计算机或手机等电子设备而采用的编码方法，是处理中文信息的重要技术。中文输入法编码可分为音码、形码、音形码、形音码等几类。下面以在 Windows 操作系统中使用广泛的搜狗拼音输入法、极点五笔输入法为例介绍中文输入法的应用。

1. 搜狗拼音输入法

搜狗拼音输入法是搜狐公司推出的一款汉字拼音输入法。它基于搜索引擎技术，使用户可以通过互联网备份自己的个性化词库和配置信息。搜狗拼音输入法有如下特点。

（1）网络新词

搜狗拼音输入法这一软件在开发过程中，借助搜狐公司的网络搜索引擎技术，分析了大量网页，将字、词按照使用频率重新排列。搜狗拼音输入法的这一设计在一定程度上提高了用户输入汉字的速度。

（2）快速更新

不同于许多输入法依靠升级来更新词库的办法，搜狗拼音输入法采用不定时在线更新词库的办法。这缩短了用户造词的时间。

（3）笔画拆分输入

搜狗拼音输入法具有"u+笔画"的输入功能。当输入字母"u"以后，用户可以把不认识的字按笔画或按字拆分，这是一种独特的输入方式。下面举例说明。

输入：彳亍（chìchù）。将其拆分成：撇撇竖"upps"和横横竖"uhhs"。其中，"h"（横）、"s"（竖）、"p"（撇）在笔画模式下输入。

输入：魍魉（wǎngliǎng）。将其拆分成：鬼亡"uguiwang"和鬼两"uguiliang"，就可以实现该词的输入。

输入：伛。将其拆分成：撇竖巨"upsju"。

（4）手写输入

最新版本的搜狗拼音输入法支持扩展模块。当用户按"u"键时，拼音输入区中会出现"打开手写输入"的提示，或者查找候选字超过两页时也会出现该提示，单击提示可打开手写输入功能（如果用户未安装该模块，则单击后会打开扩展功能管理器，然后单击"安装"按钮可以进行在线安装）。该功能可帮助用户快速输入生字，极大地提高了用户的输入体验。

（5）整合符号

搜狗拼音输入法将许多符号表情也整合进了词库，如输入"haha"可以得到"^_^"符号。另外，搜狗拼音输入法还支持一些用户自定义的缩写，如输入"QQ"，则会显示"我的 QQ 号是××××××"等。

2. 极点五笔输入法

五笔输入法是一种形码输入法。相对于音码输入法，其重码率低，输入速度快，多被专业录入人员使用。极点五笔输入法也称"极点中文汉字输入平台"，是一款以五笔输入为主，拼音输入为辅的中文输入软件。极点五笔输入法有如下特点。

（1）同时支持86版和98版两种五笔编码，全面支持GBK，解决了传统五笔输入法无法输入镕、塈、喆、玥、冇等汉字的问题。

（2）笔画与拼音可以同步输入。用户可以在同一种输入模式下，使用五笔输入或使用拼音输入。

（3）提供屏幕取词和造词功能。用户在输入时可以选择任意文字来完成造字（词），并且可以包含任意标点与字符。

图1-8所示为极点五笔输入法的工具栏。如果该工具栏未显示，则可以按<Ctrl+←>组合键显示出该工具栏。如果想要显示或隐藏文字提示窗口，可以使用<Ctrl+→>组合键进行控制。

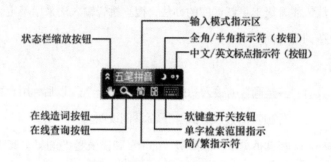

图1-8　极点五笔输入法的工具栏

1.4　上机实践

只有把理论知识同具体实际相结合，才能正确回答实践提出的问题。下面给出本章的上机实践任务，供读者结合理论知识进行实践，以提高综合能力。

1.4.1　上机实践1

（1）观察微机中的外部设备，如键盘、显示器、鼠标、打印机、扫描仪、U盘、摄像头、耳机等。在条件允许的情况下，断开键盘、鼠标、打印机等外部设备与主机之间的连接后重新连接；观察主机上的键盘、鼠标、打印机接口，比较它们形状的异同。

（2）观察主板、微处理器、内存条、显卡、硬盘、光驱等机箱内的设备，并在教师的指导下完成它们的插拔和连接等工作。

（3）使用Windows的控制面板或查看微机的属性，了解你所使用的微机的微处理器、内存、硬盘等部件的情况，也可以观察你的手机的微处理器、内存等部件的指标。

1.4.2　上机实践 2

（1）输入下面的英文。

【A long time ago, there was a huge apple tree. A little boy loved to come and lay around it every day. He climbed to the tree top, ate the apples, took a nap under the shadow. He loved the tree and the tree loved to play with him.

Time went by. The little boy had grown up and he no longer played around the tree every day. One day, the boy came back to the tree and he looked sad. "Why not come and play with me?" the tree asked the boy. "I am no longer a kid, I don't play around trees anymore." The boy replied, "I want toys. I need money to buy them." "Sorry, I don't have money... but you can pick all my apples and sell them. So, you will have money." The boy was so excited. He grabbed all the apples on the tree and left happily. The boy never came back after he picked the apples. The tree was sad.】

（2）选择一种中文输入法，在记事本和 Word 中输入下面的文字，比较不同的文字处理软件、不同的输入法在输入汉字时的方便程度。

【有一位表演大师上场前，他的弟子告诉他鞋带松了。大师点头致谢，蹲下来仔细系紧鞋带。等到弟子转身后，他又蹲下来将鞋带解松。

有个旁观者看到了这一切，不解地问："大师，您为什么又要将鞋带解松呢？"大师回答道："因为我饰演的是一位劳累的旅行者，长途跋涉让我的鞋带松开了，可以通过这个细节表现我的劳累与憔悴。""那您为什么不直接告诉您的弟子呢？""他能细心地发现我的鞋带松了，并且热心地告诉我，我一定要保护他的这种热情与积极性，及时地给他鼓励。至于为什么要将鞋带解松，我将来还有更多的机会教他表演，可以下一次再说啊。"一个人在同一时间只能做一件事，懂得抓住重点的人，才是真正的人才。】

第2章

Windows 10 操作系统

操作系统是管理、控制和监督计算机软、硬件资源协调运行的软件系统，由一系列具有不同控制和管理功能的程序组成。Windows 是 Microsoft 公司开发的基于图形用户界面的操作系统。Microsoft 公司在 2015 年 7 月发布了 Windows 10，相比于其上一个版本（Windows 8），该版本拥有大量非常有用的新功能和全新的操作体验，给用户带来了耳目一新的感觉。

本章的主要内容包括 Windows 10 操作系统（以下简称"Windows 10"）简介，Windows 10 的基本操作，Windows 10 的个性化设置，用户账户的管理方法，应用程序、文件与文件夹、Windows 10 附件工具的使用方法，磁盘管理方法以及 Windows 10 中文输入法。

2.1　Windows 10 简介

2.1.1　Windows 10 版本介绍

Microsoft 公司针对普通用户、小企业、大企业，以及平板设备、物联网设备等，提供了 7 种不同的 Windows 10 操作系统的细分版本。

1. Windows 10 家庭版（Windows 10 Home）

Windows 10 家庭版适合使用 PC、平板电脑和二合一设备的用户，它拥有 Windows 10 的主要功能。

2. Windows 10 专业版（Windows 10 Professional）

Windows 10 专业版适合使用 PC、平板电脑和二合一设备的企业用户，它除了拥有 Windows 10 家庭版的功能外，还可以协助用户管理设备和应用，保护敏感的企业数据，实现远程和移动办公，使用云计算技术。

3. Windows 10 企业版（Windows 10 Enterprise）

Windows 10 企业版以 Windows 10 专业版为基础，为大中型企业用户增添了用来防范针对设备、身份、应用和敏感企业信息等现代安全威胁的先进功能。

4. Windows 10 教育版（Windows 10 Education）

Windows 10 教育版以 Windows 10 企业版为基础，面向学校职员、管理人员、教师和学生提供教学环境系统。

5. Windows 10 移动版（Windows 10 Mobile）

Windows 10 移动版适用于尺寸较小、配置了触控屏的移动设备，如智能手机和小尺寸的平板电脑，集成了 Windows 10 家庭版的通用 Windows 应用和优化触控操作的 Office 功能。

6. Windows 10 企业移动版（Windows 10 Mobile Enterprise）

Windows 10 企业移动版以 Windows 10 移动版为基础，适用于企业用户。

7. Windows 10 物联网核心版（Windows 10 IoT Core）

Windows 10 物联网核心版适用于小型设备，如传感器等物联网设备。

2.1.2　Windows 10 新功能体验

相比于 Windows 8，Windows 10 具备以下新功能。

1. 经典的"开始"菜单回归

Windows 10 恢复了原有的开始菜单，并将 Windows 8 和 Windows 8.1 中的"开始屏幕"集成到"开始"菜单中。

2. 虚拟桌面

Windows 10 新增了 Multiple Desktops 功能，可以让用户在同一个操作系统中使用多个桌面环境，即用户可以根据自己的需要，在不同桌面环境间自由切换。

3. 分屏多窗口功能增强

用户可以在屏幕中同时摆放 4 个窗口，Windows 10 会在单独的窗口内显示正在运行的其他应用程序，同时还会智能地给出分屏建议。

4. 多任务管理界面

Windows 的任务栏中出现了一个全新的按钮"查看任务（Task View）"。用户在桌面模式下可以运行多个应用和对话框，并且可以在不同桌面间自由切换。

5. 高级用户功能支撑

Microsoft 公司在 Windows 10 中特别照顾了高级用户的使用习惯，如在命令提示符（command prompt）中增加了对<Ctrl+V>粘贴组合键的支持，用户可以直接在命令输入窗口中快速粘贴文件夹路径。

6. 行动中心

Windows 10 增加了"行动中心"（通知中心）功能，该功能可以显示信息、更新的内容、电子邮件和日历等消息，还可以收集来自 Windows 10 应用的信息。Windows 10 还提供了"快速操作"功能，让用户可以快速进入设置界面。

7. 选择快/慢升级方式

Windows 10 允许用户自选收到最新测试版本的频率，其有快、慢两种频率，用户选择前者可以较快地收到测试版本。

8. 设备与平台统一

"开始"菜单在 Windows 10 中正式归位，它的旁边新增加了一个 Modern 风格的区域，从而将改进的传统风格与新的现代风格有机地结合在一起。Windows 10 允许 Modern 应用在桌面以窗口化模式运行。Windows 10 将为所有硬件提供统一的平台，支持广泛的设备类型，从互联网设备到全球企业数据中心服务器，其中一些设备的屏幕只有 4 英寸，有些设备的屏幕则有 80 英寸，有的甚至没有屏幕。

9. Microsoft Edge 浏览器

Windows 10 中 Internet Explore 与 Microsoft Edge 浏览器共存，前者采用传统排版引擎，以兼容旧版本；后者采用全新排版引擎，给用户带来了不一样的浏览体验。

10. 智能家庭控制

Windows 10 增加了"智能家庭控制"功能，这是一种开源框架技术，作用是增强 Windows 设备间的协作性。

11. 移动版的新功能

Windows 10 移动版提供了全新的开始屏幕、全新的应用列表、增强型的通知中心和快速操作、全新的系统设置、可交互的通知操作、可缩放的移动键盘和语音输入法、短信集成 Skype 等通信应用。

2.2　Windows 10 的基本操作

Windows 10 的基本操作包括系统的启动与退出、桌面图标的设置、窗口基本操作等。

2.2.1　Windows 10 的启动与退出

Windows 10 的启动只需按下计算机电源开关即可，关机时应先退出 Windows 10。

1. Windows 10 的启动

按下计算机的电源开关后，计算机会自动启动 Windows 10（本书以计算机安装了 Windows 10 为例进行讲解）。在 Windows 10 的启动过程中，系统会进行自检，并初始化硬件设备。在系统正

常启动的情况下，会直接进入 Windows 10 的登录界面，在"密码"文本框中输入密码后，按<Enter>
键，便可进入 Windows 10。

2. Windows 10 的退出

在关闭或重新启动计算机之前，应先退出 Windows 10，否则可能会破坏一些没有保存的文件
和正在运行的程序。具体可以用以下方法安全地退出系统。

（1）鼠标操作法

单击桌面左下角的"开始"按钮，在"开始"菜单中选择"电源"选项，在打开的子菜单中
可选择"关机""睡眠""重启"选项。选择某一选项后，即可实现相应功能。

在"开始"菜单中单击用户头像，在打开的子菜单中可选择"锁定""注销"选项。

（2）组合键操作法

在桌面上按<Alt+F4>组合键，在"关闭 Windows"对话框的下拉列表中可选择"切换用户"
"注销""睡眠""关机""重启"选项。选择某一选项后，即可实现相应功能，如图 2-1 所示。

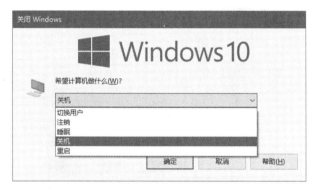

图 2-1　"关闭 Windows"对话框

2.2.2　Windows 10 的桌面

用户安装好中文版 Windows 10 并第一次登录系统后，可以看到一个非常简洁的屏幕画面，
整个屏幕画面就是桌面。Windows 10 的桌面主要由桌面背景、桌面图标和任务栏组成，下面对这
三大元素进行介绍。

1. 桌面背景

桌面背景指在计算机系统中显示的画面，用户可根据自身的喜好和需要设置个性化的桌面背景。

2. 桌面图标

在新安装系统的桌面中，左侧显示的"此电脑""网络""回收站"等图标就称为桌面图标。
用户只要双击这些图标，即可打开对应的窗口。

Windows 10 默认的桌面中只有一个"回收站"图标，这样的桌面看起来干净、整洁，但是用

户在使用时却很不方便。因此，用户可以把经常使用的程序的快捷方式图标放在桌面上。设置桌面图标的操作如下。

（1）在桌面中的任意位置单击鼠标右键，在弹出的快捷菜单中选择"个性化"命令。

（2）在"个性化"界面中，单击左侧的"主题"选项，然后单击右侧的"桌面图标设置"超链接。

（3）在打开的"桌面图标设置"对话框中勾选需要在桌面上显示的图标左侧的复选框，单击"确定"按钮，如图 2-2 所示。

图 2-2　"桌面图标设置"对话框

此时桌面上就会出现刚才勾选的图标。

3. 任务栏

默认情况下，任务栏位于桌面的最底端。其中，左侧为"开始"按钮和快捷工具；中间是快速启动区，单击某一图标可以快速切换到对应的程序窗口，用户还可以使用拖曳的方法改变它们的排列顺序；右侧是系统图标显示区，其中包括网络状态、系统音量、时间日期等图标。任务栏如图 2-3 所示。

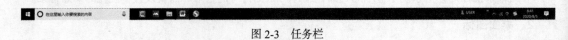

图 2-3　任务栏

2.2.3　Windows 10 的窗口

用户可以通过对窗口的操作来管理和使用 Windows 10。

1．Windows 10 窗口的组成

Windows 10 所使用的界面叫作窗口，对 Windows 10 中各种资源的管理就是对各种窗口的操作。Windows 10 默认采用类似 Office 的界面风格，这种界面让文件管理操作变得更加方便、直观。"此电脑"窗口就是一个典型示例，如图 2-4 所示。

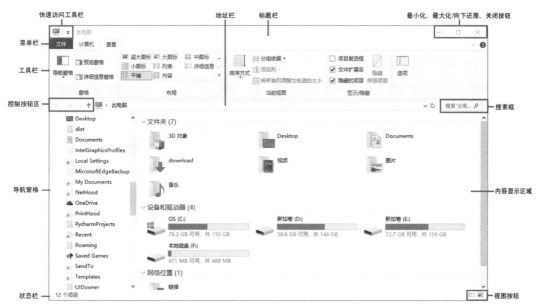

图 2-4　"此电脑"窗口

快速访问工具栏：窗口左上方的区域，默认的功能包括查看属性和新建文件夹。用户可以单击快速访问工具栏右侧的下拉按钮，在下拉列表中勾选需要在快速访问工具栏中显示的功能选项，完成设置快速访问工具栏的操作。

标题栏：窗口最上方的中间区域，主要显示当前目录，如果是根目录，则显示对应的分区号。标题栏右侧为"最小化""最大化/向下还原""关闭"按钮，单击这些按钮可完成对应的窗口操作。双击标题栏中的空白区域，可以进行窗口的最大化和还原操作。

菜单栏：菜单栏位于标题栏的下方，显示了对当前窗口或窗口内容进行一些常用操作的菜单。单击菜单名称可将其打开，进而实现各种操作。

工具栏：包含常用的若干工具按钮，使用工具栏中的工具可以简化操作。

控制按钮区：图形按钮区域，其主要功能是实现目录的后退、前进或返回上级目录。单击前进按钮右侧的下拉按钮，在下拉列表中可以看到最近访问的位置信息，在需要进入的目录上单击即可快速进入该目录。

地址栏：显示当前窗口或文件所在的位置，即路径。

搜索框：用于搜索相关程序或文件。

导航窗格：显示计算机中多个具体位置的区域，用户可以使用导航窗格快速定位到相应的位置，从而浏览文件或完成文件的常用操作。

内容显示区域：用于显示信息或供用户输入数据的区域。

状态栏：位于窗口的最下方，会根据用户选择的内容显示容量、数量等属性信息。

视图按钮：状态栏右侧的两个按钮，作用是让用户选择视图的显示方式，有列表和大缩略图两种显示方式，默认采用大缩略图显示方式。

2．Windows 10 窗口的基本操作

应用程序窗口和文档窗口的操作主要包括最小化、最大化、关闭、移动、缩放、切换、排列等。

2.3　Windows 10 的个性化设置

Windows 10 支持灵活多样的个性化设置，用户可以根据个人需求设置桌面、窗口、屏幕保护程序、显示效果和任务栏等。

2.3.1　设置桌面

桌面操作包括设置桌面背景和设置桌面图标。

1．设置桌面背景

①在桌面空白处单击鼠标右键，在弹出的快捷菜单中选择"个性化"命令，在弹出的"个性化"界面中选择想设置为背景的图片，即可将所选图片设置为桌面背景，如图 2-5 所示。

图 2-5　设置桌面背景

②用户还可以为桌面设置纯色背景，具体方法为单击"背景"下拉按钮，在下拉列表中选择

"纯色"选项，然后在下方的"选择你的背景色"区域选择想要设置的颜色。

③如果想将自己喜欢的图片作为桌面背景，可以从网上下载图片，或者将图片存储到本地磁盘中，在"个性化"界面中单击"浏览"按钮，在弹出的对话框中选择图片。

2. 设置桌面图标

（1）更改图标的排序方式

桌面图标的排列顺序是可以改变的。用户可以在桌面上单击鼠标右键，在弹出的快捷菜单中选择"排序方式"命令，再在其子菜单中选择所需的命令来更改桌面图标的排列顺序。

（2）查看图标效果

如果感觉桌面图标过小，则可以将桌面图标进行适当放大。在桌面上单击鼠标右键，在弹出的快捷菜单中选择"查看>大图标"命令。

此外，在"查看"子菜单中，若选择"自动排列图标"命令，则系统将对图标进行自动排列；若选择"将图标与网格对齐"命令，则图标将按照网格进行排列；若不选择"自动排列图标"命令，用户则可以根据需要移动图标到桌面的任意位置。

（3）更改图标样式

桌面图标的外形是可以改变的。用户可以在桌面上单击鼠标右键，在弹出的快捷菜单中选择"个性化"命令，在"个性化"界面中单击"主题"选项，在弹出的面板中单击"桌面图标设置"超链接，将打开"桌面图标设置"对话框。

选择需要更改的图标，单击"更改图标"按钮，在弹出的"更改图标"对话框中选择对应的替换图标，单击"确定"按钮即可，如图 2-6 所示。

图 2-6　"更改图标"对话框

2.3.2　设置窗口

对于窗口的基本操作读者已经熟悉了，下面介绍窗口的美化操作。Windows 10 自带丰富的主题色和各种效果，用户可以对窗口的颜色和外观进行设置。

（1）在桌面空白处单击鼠标右键，选择"个性化"命令，在"个性化"界面中单击"颜色"选项，在弹出的面板中单击喜欢的颜色。

（2）如果想让"开始"菜单和任务栏等也显示为更改后的颜色，可勾选"'开始'菜单、任务栏和操作中心"复选框，如图 2-7 所示。

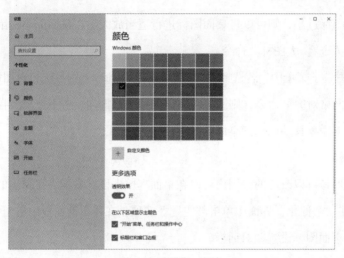

图 2-7　设置窗口颜色

2.3.3　设置屏幕保护程序

屏幕保护程序能起到保护个人隐私和省电的作用。下面介绍设置 Windows 10 屏幕保护程序的操作步骤。

（1）在桌面空白处单击鼠标右键，在弹出的快捷菜单中选择"个性化"命令，在打开的"个性化"界面中单击"锁屏界面"选项，在弹出的面板中单击"屏幕保护程序设置"超链接。

（2）在"屏幕保护程序设置"对话框的"屏幕保护程序"下拉列表中选择屏幕保护类型，这里选择"3D 文字"选项，如图 2-8 所示。此时模拟显示区域中将出现屏幕保护的预览效果，单击"预览"按钮，可查看其在桌面中的显示效果。

（3）单击"3D 文字"右侧的"设置"按钮，进入该屏幕保护程序对应的设置对话框，用户可以对"显示内容""旋转类型""分辨率""大小""旋转速度"等参数进行设置，然后单击"确定"按钮。需要注意的是，并不是所有的屏幕保护选项都有设置功能，用户可以在实际设置时进行查看。

图 2-8　"屏幕保护程序设置"对话框

2.3.4　更改显示效果设置

Windows 10 会根据显示器选择最佳的显示效果设置，包括屏幕分辨率、刷新频率和颜色深度。这些设置根据显示器的类型、大小、性能及视频显示卡的不同而有所差异。

1. 设置屏幕分辨率

屏幕分辨率指的是屏幕图像的精密度，是显示器所能显示的像素的多少。因为屏幕上的点、线和面都是由像素组成的，所以显示器可显示的像素越多，显示的画面就越精细，同样大小的屏幕区域内能显示的信息也就越多。因此，屏幕分辨率是操作系统非常重要的性能指标之一。

在桌面空白处单击鼠标右键，在弹出的快捷菜单中选择"显示设置"命令，在"系统"界面中单击"显示"选项，在弹出的面板中打开"分辨率"下拉列表，在其中可以选择合适的屏幕分辨率，如图 2-9 所示。

图 2-9　设置屏幕分辨率

2．设置屏幕刷新频率

屏幕刷新频率是指屏幕每秒刷新的次数，用户可以根据需要进行更改。在桌面空白处单击鼠标右键，在弹出的快捷菜单中选择"显示设置"命令，在"系统"界面中单击"显示"选项，在弹出的面板中单击"高级显示设置"超链接；在"高级显示设置"界面中单击"显示器 1 的显示适配器属性"超链接，在打开的对话框中切换到"监视器"选项卡，在"屏幕刷新频率"下拉列表中选择所需的刷新频率选项，单击"确定"按钮，如图 2-10 所示。

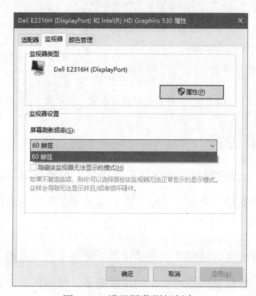

图 2-10　设置屏幕刷新频率

2.3.5　设置任务栏

在 Windows 10 中，用户可以对任务栏的外观进行设置，还可以根据实际需要改变工作界面的布局。下面具体介绍设置任务栏的操作步骤。

1．调整任务栏的位置

（1）在任务栏的空白处单击鼠标右键，在弹出的快捷菜单中查看任务栏有没有被锁定。若被锁定，则选择"锁定任务栏"命令，取消任务栏的锁定。

（2）在任务栏没有被锁定的情况下，使用鼠标拖曳任务栏向桌面屏幕的任意一边移动，任务栏将处于移动状态，释放鼠标左键后，任务栏即会被固定到所选的位置。

2．调整任务栏的大小

默认情况下，任务栏只有一行，用户可以根据需要对其大小进行调整。在任务栏的空白处单击鼠标右键，查看任务栏是否被锁定。如果被锁定，则先进行解锁操作。将鼠标指针移动到任务栏边框上，当其变成双向箭头时，按住鼠标左健并拖曳鼠标即可调整任务栏的大小。

3．添加快速启动图标至任务栏

在"开始"菜单中找到需要添加到任务栏的程序后单击鼠标右键，在弹出的快捷菜单中选择"固定到任务栏"命令即可。

4．取消任务栏程序的合并

默认情况下，对于 Windows 10 任务栏中同一程序所打开的窗口，用户只能通过缩略图查看。当用户希望所有窗口横向排列在任务栏中时，可以取消任务栏程序的合并。

在任务栏的空白处单击鼠标右键，在弹出的快捷菜单中选择"任务栏设置"命令。在"任务栏"面板中单击"合并任务栏按钮"下拉按钮，在下拉列表中选择"从不"选项，如图 2-11 所示。

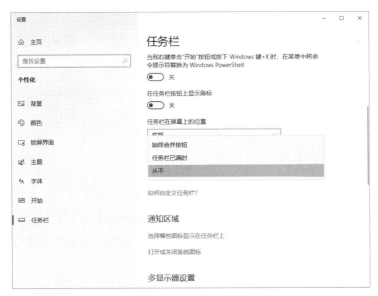

图 2-11　设置任务栏

2.4　管理用户账户

账户是具有某些系统权限的用户 ID，同一个系统中的每个用户都有不同的账户名。在整个系统中，拥有最高权限的账户叫作管理员账户。系统通过不同的账户，赋予对应用户不同的运行权限、不同的登录界面、不同的文件浏览权限等。

Windows 10 中包括 4 种不同类型的账户。

1．管理员账户

该账户是 Windows 10 中拥有最高权限的账户，可以对计算机进行任何操作，包括更改安全设置、安装软件和硬件，以及访问计算机上的所有文件。

2. 标准用户账户

该账户是通过管理员账户创建的，是用于执行普通操作的使用者账户，也叫作受限账户。系统赋予了该账户基本操作的权限，以及简单的个人管理功能。

3. 来宾账户

该账户也叫 Guest 账户，远程登录的网上用户通过该账户访问系统。来宾账户具有最低的权限，不能对系统进行修改，只能执行最低限度的操作。

4. Windows Live ID

前 3 种账户属于本地账户，而 Windows Live ID 属于 Windows 网络账户，可以保存用户的设置并上传到服务器。

Windows 10 是一个多用户、多任务的操作系统，同一个系统可以被多人使用，每个账户都有不同的使用环境。系统中的软件、文件和设备等都可以让多个用户使用，而区分这些用户的方法就是查看他们的账户名。用户可以根据需要创建账户，下面将详细介绍本地账户具体的创建和管理方法。

2.4.1 创建新用户账户

在 Windows 10 中创建本地账户的具体操作步骤如下。

（1）单击"开始"菜单中的"设置"按钮，打开"Windows 设置"窗口，选择"账户"选项，打开"账户"界面，选择"家庭和其他用户"选项，打开"家庭和其他用户"面板，如图 2-12 所示。

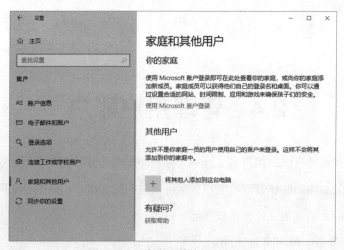

图 2-12　"家庭和其他用户"面板

（2）单击"将其他人添加到这台电脑"选项，打开"Microsoft 账户"对话框，输入用户名和密码，如图 2-13 所示。单击"下一步"按钮，就可以在"家庭和其他用户"面板中看到创建的账户。

图 2-13　"Microsoft 账户"对话框

2.4.2　更改账户类型

前面介绍了 Windows 10 有 4 种不同的账户类型，这 4 种不同的账户类型的操作权限也不同，用户可以根据需要对账户类型进行更改。

在"家庭和其他用户"面板中单击创建的账户，会显示"更改账户类型"和"删除"按钮，如图 2-14 所示。单击"更改账户类型"按钮，即可在"更改账户类型"对话框中更改账户类型。

图 2-14　"更改账户类型"和"删除"按钮

2.4.3　删除本地账户

当不需要系统中的某个本地账户时，可以对其进行删除，方法为在图 2-14 所示面板中单击"删除"按钮。

2.5　应用程序

Windows 10 的应用程序包括启动应用程序、切换应用程序、关闭应用程序及卸载应用程序等。

2.5.1　启动应用程序

在 Windows 10 中，有多种启动应用程序的方法，下面介绍常用的几种。

1. 使用快捷方式图标启动应用程序

若在桌面上放置了应用程序的快捷方式图标，则双击快捷方式图标，即可快速启动对应的应用程序。

2. 通过"开始"菜单启动应用程序

打开"开始"菜单，可以看见常用的应用程序列表及按照字母索引排序的应用程序列表，单击需要打开的应用程序即可将其启动。如果需要的应用程序不在列表中，则打开包含该应用程序的文件夹，找到应用程序后，单击应用程序即可将其启动。

3. 从"运行"对话框中启动

如果用户要启动一些私密的应用程序，或者要启动的应用程序没有桌面快捷方式图标，则可以在"运行"对话框中输入应用程序的完整路径将其启动。

按<Win+R>组合键打开"运行"对话框，在"打开"文本框中输入需要启动的应用程序的完整路径，单击"确定"按钮，如图 2-15 所示。

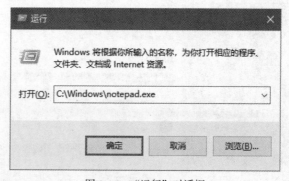

图 2-15　"运行"对话框

2.5.2　切换应用程序

Windows 10 具有多任务特性，可以同时运行多个应用程序。打开一个应用程序后，任务栏中就会出现一个对应的图标。同一时刻，只会有一个应用程序处于"前台"状态，称为当前应用程序。其窗口处于最前面，任务栏中的对应图标处于凹陷状态。切换当前应用程序的方法主要有以下 4 种。

①单击任务栏中对应的图标。

②单击窗口中应用程序的可见部分。

③按<Alt+Esc>组合键循环切换应用程序。

④按<Alt+Tab>组合键，弹出显示了所有打开的应用程序的图标和名称的窗口，按住<Alt>键后不断按<Tab>键切换应用程序，选中所需的应用程序之后，释放<Alt>键。

2.5.3　关闭应用程序

在 Windows 10 中，退出应用程序的方法也有很多种，主要介绍以下几种。

①单击应用程序窗口右上角的"关闭"按钮。

②选择应用程序"文件"菜单中的"退出"命令。

③按<Alt+F4>组合键。

④当某个应用程序不再响应用户操作时，按<Ctrl+Alt+Del>组合键，在弹出界面中选择"任务管理器"选项，在"任务管理器"窗口中选择要结束的程序，单击"结束任务"按钮，即可关闭该应用程序，如图 2-16 所示。

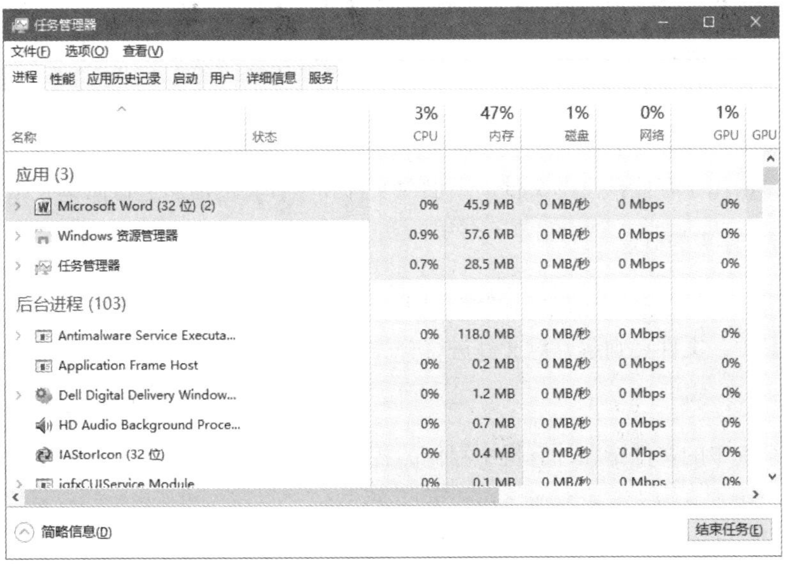

图 2-16　"任务管理器"窗口

2.5.4　卸载应用程序

如果不想使用某个应用程序，可以对其进行卸载。单击"开始"菜单中的"设置"按钮，打开"Windows 设置"窗口，单击"应用"选项，打开"应用和功能"面板，单击想要卸载的应用程序，然后单击"卸载"按钮即可，如图 2-17 所示。

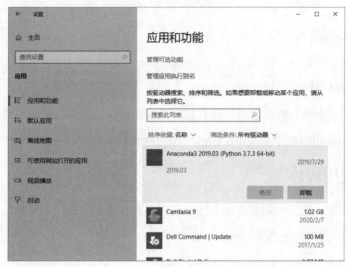

图 2-17　卸载应用程序

2.6　文件与文件夹

文件与文件夹是 Windows 系统管理数据的两种方式。

2.6.1　认识文件与文件夹

文件通常用于存储文字、图形、图像或声音等信息，文件通常存储在文件夹中，文件夹实际上也是一种特殊的用于存储信息的文件。下面对文件和文件夹的概念进行简单介绍。

1. 文件与文件夹的概念

用户在使用计算机时会接触到各类数据信息，这些可以被读取和存储的信息以文件的形式存储在计算机硬盘中，文件夹则起着对文件进行分类和保存的作用。

（1）文件

Windows 系统中的文件指在计算机中存储的各种数据，这些数据以二进制的形式存储在磁盘中，以文档、照片、歌曲、电影等形式出现在计算机中。

（2）文件夹

数目庞大的文件会使其查找和操作变得复杂。文件夹的作用就是对文件进行分类处理，其在计算机中以目录树的形式展现。

2. 文件名与扩展名

为了标识不同的文件，Windows 10 使用文件名与扩展名的组合对不同文件进行区分。通常，系统默认隐藏了扩展名，而只展示文件名。

文件名：文件名可以自动生成或者由用户自定义，用于标识当前文件。Windows 10 中文件的命名规则如下。

文件名最多可包含 255 个字符；

文件名中除开头字符外可以有空格；

文件名中不能包含以下符号：\、/、:、*、"、?、<、>、|；

文件名不区分大小写，如 STUDENT 与 StuDenT 会被认为是同一个文件；

同一个文件夹中不能有相同的文件名；

系统保留的设备名称不能用作文件名，如 AUX，COM1，LPT2 等。

文件扩展名：文件扩展名是 Windows 用来识别文件属于哪种格式，应用什么程序进行操作的名称。需要注意的是，如果扩展名修改不当，系统有可能无法识别该文件，或者无法打开该文件，所以系统出于安全考虑默认隐藏了扩展名。在修改文件的扩展名时，系统也会显示警告信息。

部分常用文件扩展名及其含义如表 2-1 所示。

表 2-1　部分常用文件扩展名及其含义

扩展名	含义	扩展名	含义
.sys	系统文件	.txt	文本文件
.exe	可执行程序	.docx	Word 文档文件
.rar	压缩文件	.xlsx	电子表格文件
.jpg	压缩图像文件	.pptx	演示文稿文件
.bmp	位图文件	.html	网页文档文件

2.6.2　文件与文件夹的基本操作

文件与文件夹的基本操作包括新建、选定、删除、重命名、移动、复制及查找等。

1. 新建文件夹

在从桌面开始的各级文件夹中，如果有需要，都可以创建新的文件夹。在创建新文件夹之前，需确定将新文件夹放在什么位置。如果要将新文件夹建立在磁盘的根目录中，则要单击该磁盘的图标，在该磁盘中创建新文件夹；如果要将新文件夹作为某个文件夹的子文件夹，则应该先打开该文件夹，然后在该文件夹中创建新文件夹。

（1）在桌面上创建新文件夹

在桌面空白处单击鼠标右键，在弹出的快捷菜单中选择"新建>文件夹"命令。

（2）在窗口中创建新文件夹

单击"主页"选项卡的"新建"选项组中的"新建文件夹"按钮。

2．选定文件或文件夹

在对文件或文件夹进行操作之前，一定要先选定文件或文件夹，一次可选定一个或多个文件或文件夹，选定的文件或文件夹将高亮显示。选定文件或文件夹的方法有以下几种。

单击选定：单击要选定的文件或文件夹，即可选定一个文件或文件夹。

拖曳选定：在文件夹窗口的空白处按住鼠标左键拖曳，将出现一个实线框，用该线框框住要选定的文件或文件夹，然后释放鼠标左键。

多个连续文件或文件夹的选定：单击选定第一个文件或文件夹，按住<Shift>键，然后单击最后一个要选定的文件或文件夹，结束后释放<Shift>键。

多个不连续文件或文件夹的选定：单击选定第一个文件或文件夹，按住<Ctrl>键，然后单击需要选定的其他文件或文件夹，结束后释放<Ctrl>键。

选定所有文件或文件夹：单击"主页"选项卡的"选择"组中的"全部选择"按钮，将选定文件夹中的所有文件或文件夹。

反向选定：单击"主页"选项卡的"选择"组中的"反向选择"按钮，将反向选定文件夹中的所有文件或文件夹。

撤销选定：若要撤销某一选定，则先按住<Ctrl>键，然后单击要撤销选定的文件或文件夹；若要撤销所有选定，则单击窗口中的其他区域即可。

3．删除文件或文件夹

用户应将无用的文件或文件夹及时删除，以释放更多的存储空间，主要有下面几种删除方法。

菜单法：选定待删除的文件或文件夹后，单击"主页"选项卡的"组织"组中的"删除"按钮。

快捷菜单法：在选定的待删除的文件或文件夹上单击鼠标右键，在弹出的快捷菜单中选择"删除"命令。

键盘法：选定待删除的文件或文件夹后，直接按<Delete>键。

拖曳法：直接拖曳待删除的文件或文件夹到桌面上的回收站中。

注意：执行删除操作后，系统会弹出确认删除操作的对话框。如果确认要删除文件或文件夹，则单击"是"按钮；否则单击"否"按钮，将放弃所做的删除操作。

另外，删除文件夹操作将把该文件夹所包含的所有内容全部删除。从本地硬盘上删除的文件或文件夹将被放在回收站中，而且在回收站被清空之前一直保存在其中。

如果要撤销对这些文件或文件夹的删除操作，则可以到回收站中恢复文件或文件夹。方法如下：在回收站中选定需要恢复的对象，然后单击鼠标右键，在弹出的快捷菜单中选择"还原"命令；在"回收站工具-管理"选项卡中单击"还原"组中的"还原选定的项目"或"还原所有项目"按钮。

4. 重命名文件或文件夹

对文件或文件夹进行重命名的方法有多种，不论使用哪种方法，都必须先选定需要重命名的文件或文件夹，并且每次只能重命名一个文件或文件夹。

单击需要重新命名的文件或文件夹，稍微停顿后再单击该文件或文件夹的名称，就会出现重命名框，在重命名框中输入新名称即可；在需要重命名的文件或文件夹上单击鼠标右键，在弹出的快捷菜单中选择"重命名"命令，此时文件或文件夹名称处于可编辑状态，输入新名称即可。

5. 移动文件或文件夹

移动文件或文件夹是指把选定的文件或文件夹从某个磁盘或文件夹中移动到另一个磁盘或文件夹中，原来位置不再包含被移走的文件或文件夹。

快捷菜单法：在需要移动的文件或文件夹上单击鼠标右键，在弹出的快捷菜单中选择"剪切"命令，然后在目标磁盘或文件夹图标上单击鼠标右键，在弹出的快捷菜单中选择"粘贴"命令，即可完成移动操作。

拖曳法：选定需要移动的文件或文件夹，在按住<Shift>键的同时，按住鼠标左键拖曳选定的文件或文件夹至目标磁盘或文件夹图标上（如果是在同一个磁盘的不同文件夹之间移动，则可以直接进行，而不必按住<Shift>键），然后释放鼠标左键和<Shift>键，完成移动操作。

组合键法：选定需要移动的文件或文件夹，按<Ctrl+X>组合键，再进入目标磁盘或文件夹，按<Ctrl+V>组合键，完成移动操作。

6. 复制文件或文件夹

复制是指在指定的磁盘和文件夹中生成一个与当前选定的文件或文件夹完全相同的副本。复制操作完成以后，原来的文件或文件夹仍在原位置，并且指定的目标磁盘或文件夹中多了一个副本。复制文件或文件夹的方法有以下几种。

菜单法：选定需要复制的文件或文件夹，然后单击"主页"选项卡的"剪贴板"组中的"复制"按钮，或在选定的文件或文件夹上单击鼠标右键，在弹出的快捷菜单中选择"复制"命令；单击目标磁盘或文件夹，单击"主页"选项卡的"剪贴板"组中的"粘贴"按钮，或者在目标磁盘或文件夹图标上单击鼠标右键，在弹出的快捷菜单中选择"粘贴"命令，完成复制操作。

拖曳法：确保能看到待复制的文件或文件夹，并且能看到目标磁盘和文件夹图标；选定需要复制的文件或文件夹，在按住<Ctrl>键的同时，按住鼠标左键拖曳选定的文件或文件夹至目标磁盘或文件夹图标上（如果是在两个不同的磁盘之间复制，则可以直接进行，而不必按住<Ctrl>键），然后释放鼠标左键和<Ctrl>键，完成复制操作。

组合键法：选定需要移动的文件或文件夹，按<Ctrl+C>组合键，然后进入目标磁盘或文件夹，按<Ctrl+V>组合键，完成复制操作。

7．查找文件或文件夹

Windows 10 提供了强大的搜索功能，如果用户知道文件所在的文件夹，则可以直接在对应的文件夹中进行搜索。如果用户不确定文件或文件夹的位置，则需要进行全盘搜索。在搜索框中输入搜索关键词后，系统会搜索包含该关键词的全部文件，并用黄色标识出该关键词。

2.6.3 隐藏与显示文件或文件夹

用户为了保护个人隐私或重要文件，可以使用 Windows 10 的隐藏功能，将文件或文件夹隐藏，需要查看时再将其显示出来。下面介绍隐藏与显示文件或文件夹的具体方法。

1．隐藏文件或文件夹

由于文件和文件夹的显示与隐藏操作相同，因此下面将以文件夹的隐藏操作为例，对其方法进行介绍。

（1）在需要隐藏的文件夹上单击鼠标右键，在弹出的快捷菜单中选择"属性"命令，在弹出的"新建文件夹 属性"对话框中勾选"隐藏"复选框，单击"确定"按钮，如图 2-18 所示。

图 2-18 "新建文件夹 属性"对话框

（2）在弹出的"确认属性更改"对话框中选择"仅将更改应用于此文件夹"或"将更改应用于此文件夹、子文件夹和文件"选项后，单击"确定"按钮，如图 2-19 所示。

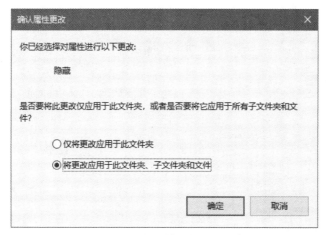

图 2-19　"确认属性更改"对话框

2. 显示（取消隐藏）文件或文件夹

（1）在文件或文件夹被隐藏的磁盘或文件夹中，切换至"查看"选项卡，在"显示/隐藏"组中勾选"隐藏的项目"复选框，即可显示隐藏的文件，如图 2-20 所示。

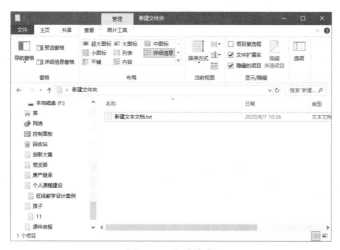

图 2-20　取消隐藏

（2）打开该文件的属性对话框，取消勾选"隐藏"复选框，单击"确定"按钮后，将弹出"确认属性更改"对话框，选择"仅将更改应用于此文件夹"或"将更改应用于此文件夹、子文件夹和文件"选项后，单击"确定"按钮。

2.6.4　设置快捷方式

将文件或文件夹的快捷方式图标添加到桌面上，将简化相关操作。选中需要创建快捷方式图标的文件或文件夹，单击鼠标右键，在弹出的快捷菜单中选择"发送到>桌面快捷方式"命令，如图 2-21 所示。此时，桌面上会出现该文件或文件夹的快捷方式图标，双击即可将其打开。

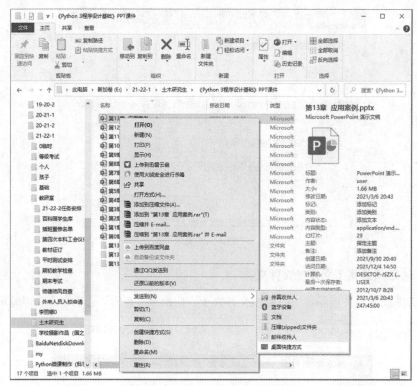

图 2-21　设置快捷方式

也可以在需要创建快捷方式的位置单击鼠标右键，在弹出的快捷菜单中选择"新建>快捷方式"命令，在"创建快捷方式"对话框中输入目标对象的完整路径与名称，如图 2-22 所示。然后单击"下一步"按钮，命名快捷方式，最后单击"完成"按钮。

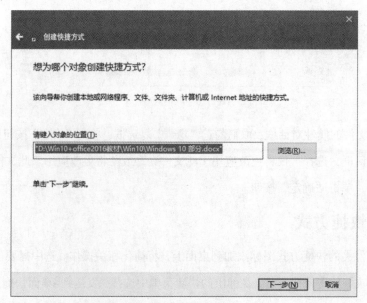

图 2-22　"创建快捷方式"对话框

2.7　Windows 10 附件工具

Windows 10 操作系统中提供了很多实用的应用程序（工具），以满足不同用户的需求，可以帮助用户解决生活和工作中的很多问题。本节将对 Windows 10 操作系统中常用的附件工具，如计算器、写字板、画图工具及截图工具等进行介绍。

2.7.1　计算器

单击"开始"按钮，选择"开始"菜单中的"附件"选项，然后选择"计算器"选项，打开"计算器"窗口。

1．标准型计算器

系统默认的计算器就是标准型计算器，如图 2-23 所示。标准型计算器提供了简单的加减乘除功能，使用方便，大部分用户使用的都是该计算器。

2．科学型计算器

在标准型计算器界面中，单击"标准"左侧的≡按钮，选择"科学"选项，标准型计算器界面即变为科学型计算器界面，如图 2-24 所示。

图 2-23　标准型计算器

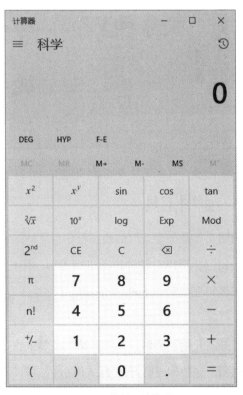

图 2-24　科学型计算器

3. 其他类型

除了上述两种计算器外，Windows 10还提供了程序员计算器与时间计算器，以便运用在比较专业的领域。

2.7.2 写字板

写字板是Windows提供的一个简易的文字处理程序。我们可以利用写字板撰写报告、书信、文件等文档，并可以在文档中插入图片。另外，我们还可以对文档进行格式化处理，并且可以打印文档。写字板还支持对象的链接与嵌入，由写字板生成的文档可以通过剪贴板传送给其他Windows应用程序。写字板保存的文档的扩展名为.rtf。

打开"开始"菜单，在"开始"菜单中找到"Windows附件"选项，查看所有附件程序，单击"写字板"选项即可打开图2-25所示"写字板"窗口。

图2-25　"写字板"窗口

2.7.3 画图工具

画图工具是一个简单的绘画程序，是Windows操作系统的预装软件之一。该画图工具是一个位图编辑器，可以对各种位图进行编辑。用户可以自己绘制图画，也可以对扫描的图片进行编辑，在编辑完成后以.bmp、.jpg、.gif等格式存储图片。用户还可以将图片发送到桌面或其他文档中。

打开"开始"菜单，在"开始"菜单中找到"Windows附件"选项，查看所有附件程序，单击"画图"选项即可打开图2-26所示"画图"窗口。

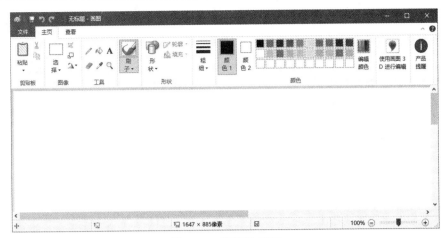

图 2-26　"画图"窗口

2.7.4　截图工具

Windows 10 自带截图工具，当有问题需要寻求他人帮助时，可以截一张图发送给对方。截图工具使用起来方便快捷，不需要打开 QQ 等应用程序。

打开"开始"菜单，在"开始"菜单中找到"Windows 附件"选项，查看所有附件程序，单击"截图工具"选项即可打开图 2-27 所示"截图工具"窗口。

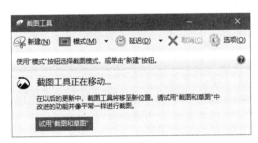

图 2-27　"截图工具"窗口

2.8　磁盘管理

磁盘性能的高低直接影响着计算机运行速度的快慢。除了坏道等常见故障外，磁盘碎片和垃圾文件等也直接影响着磁盘的性能。

2.8.1　检查磁盘

检查磁盘的过程如下。

（1）打开"此电脑"窗口，在需要进行检查的磁盘分区上单击鼠标右键，在弹出的快捷菜单中选择"属性"命令，在弹出的对话框中切换到"工具"选项卡，如图 2-28 所示。

图 2-28　切换到"工具"选项卡

（2）单击"检查"按钮，将弹出"错误检查"对话框，如图 2-29 所示。选择"扫描驱动器"选项，系统开始进行错误检查。

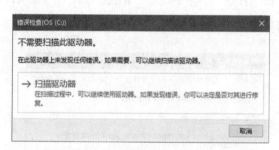

图 2-29　"错误检查"对话框

（3）检查完毕后，如果没有错误，则弹出图 2-30 所示界面，单击"关闭"按钮。

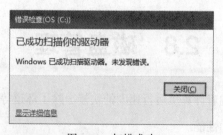

图 2-30　扫描成功

2.8.2　清理磁盘

使用"磁盘清理"功能可以很方便地清理系统运行过程中产生的各种垃圾，以释放磁盘空间。下面介绍其具体方法。

（1）在需要进行清理的磁盘分区上单击鼠标右键，在弹出的快捷菜单中选择"属性"命令，在弹出的对话框中切换到"常规"选项卡，单击"磁盘清理"按钮，如图 2-31 所示。

图 2-31　切换到"常规"选项卡

（2）检查完成后，在弹出的对话框的"要删除的文件"列表框中可以看到所有的磁盘垃圾文件，勾选需要删除的文件，单击"清理系统文件"按钮，如图 2-32 所示。在弹出的"磁盘清理"对话框中选择"删除文件"选项。

图 2-32　磁盘清理

（3）此时会弹出进度条，稍等片刻即可完成磁盘的清理。

2.8.3　整理磁盘碎片

长时间使用计算机后，磁盘中会产生很多磁盘碎片，从而降低计算机的运行速度。此时可以重新排列磁盘碎片，使磁盘更加有效地工作。在 Windows 10 中，"磁盘碎片整理"功能已经更名并合并到"优化"程序中，用户可以在该程序中进行相应的整理操作。

（1）在需要进行碎片整理的磁盘分区上单击鼠标右键，在弹出的快捷菜单中选择"属性"命令，在弹出的对话框中切换至"工具"选项卡，如图 2-28 所示。

（2）在"工具"选项卡中单击"优化"按钮，弹出的"优化驱动器"对话框中列出了所有分区信息，如图 2-33 所示。

图 2-33　"优化驱动器"对话框

（3）选中需要进行磁盘碎片整理的分区，单击"分析"按钮，用户可以看到磁盘碎片分析的进度等信息。单击"优化"按钮，系统自动对该磁盘分区进行优化，用户可以看到优化的进度，并可以随时单击"停止"按钮。系统将自动进行多次磁盘碎片整理、合并等优化操作，具体时间长短根据磁盘大小和碎片多少而定。

（4）优化完成后，碎片整理工作完成。用户可以继续对其他分区进行优化操作。

2.9　Windows 10 中文输入法

Windows 10 自带的中文输入法方便、实用，用户也可以自己安装输入法。

2.9.1　Windows 10 中文输入法介绍

中文输入法主要分为音码、形码、音形码三大类，Windows 10 本身自带中文输入法。

除了 Windows 10 自带的中文输入法外，用户也可以在 Windows 10 中安装其他的第三方简体中文输入法，主要有以下几种。

（1）音码（默认汉语拼音）：搜狗输入法、百度输入法、谷歌输入法、QQ 输入法、讯飞输入法、必应输入法、华宇拼音输入法、2345 王牌输入法等。

（2）形码：王码五笔、小狼毫输入法、搜狗五笔、极点五笔、QQ 五笔、小鸭五笔、花儿五笔、万能五笔等。

（3）音形码：小鹤音形码输入法等。

2.9.2　在 Windows 10 中添加中文输入法

在 Windows 10 中添加中文输入法的方法如下。

（1）单击桌面左下角的"开始"按钮，在打开的"开始"菜单中单击"设置"按钮，在弹出的"Windows 设置"窗口中单击"时间和语言"选项，在打开的"时间和语言"界面中单击"语言"选项，如图 2-34 所示。

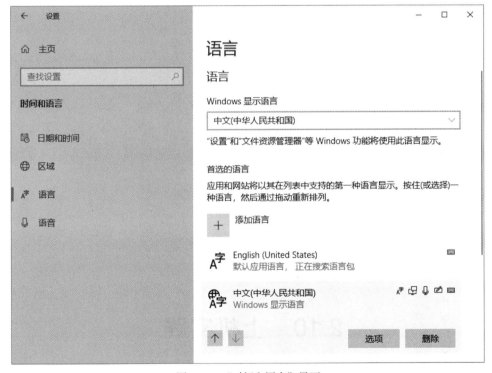

图 2-34　"时间和语言"界面

（2）选择右侧的语言选项，如"中文（中华人民共和国）"选项，单击"选项"按钮，在打开的界面中选择"添加键盘"选项，即可打开输入法列表，如图 2-35 所示。

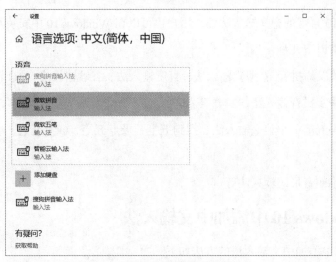

图 2-35 选择"添加键盘"选项

（3）选择想要添加的输入法，该输入法就会被添加到系统输入法中。也可以选中已添加的输入法将其删除，如删除"微软拼音"输入法，如图 2-36 所示。

图 2-36 删除已有输入法

2.10 上机实践

2.10.1 上机实践 1

启动 Windows 10 操作系统，完成如下操作。

（1）利用任务栏上的时间日期图标查看、修改系统的当前日期和时间，利用系统音量图标将系统设置为静音。

（2）让任务栏自动隐藏。

操作提示：在任务栏的空白处单击鼠标右键，在弹出的快捷菜单中选择"任务栏设置"命令，在"任务栏"面板中可以锁定任务栏、自动隐藏任务栏，以及设置任务栏的位置等。

（3）打开"计算机""Internet Explorer""回收站"等多个窗口，在多个窗口间切换，使不同的窗口成为活动窗口。

操作提示：利用<Alt+Tab>组合键或<Alt+Esc>组合键将不同的窗口切换为活动窗口。

（4）分别以"列表"和"大缩略图"方式显示 C 盘中的文件和文件夹。

（5）将 C 盘中的文件和文件夹按"类型"重新排列。

（6）显示和隐藏导航窗格。

（7）按照下列要求完成操作。

①在窗口中不显示具有隐藏属性的文件和文件夹。

②显示已知文件类型的扩展名。

③在标题栏中显示文件的完整路径。

操作提示：打开"查看"选项卡，单击"选项"按钮，在"文件夹选项"对话框的"查看"选项卡中可以对文件和文件夹在窗口中的显示方式进行设置，如图 2-37 所示。

（8）在桌面上建立 Microsoft Word 2016 应用程序的快捷方式。

（9）打开"Windows 设置"窗口，完成如下操作。

①将某张图片设置为桌面背景。

②设置一个屏幕保护程序，等待时间为 3 分钟。

③卸载计算机上已经安装的某个程序。

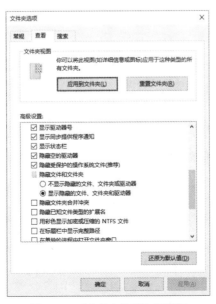

图 2-37　"文件夹选项"对话框

2.10.2　上机实践 2

打开 Windows 10 文件资源管理器，完成如下操作。

（1）浏览 C 盘中的内容。

（2）分别用大缩略图、列表、详细信息等方式显示 C 盘中的内容，观察它们的区别。

（3）分别按照名称、类型、大小和修改日期等对 C 盘中的内容进行重新排列，观察它们的区别。

（4）在 D 盘中建立两个文件夹 Test1 和 Test2，在 E 盘中建立一个文件夹 Test3，在 Test1 文件夹中建立一个 Word 文件 w1.docx、一个文本文件 t1.txt。使用拖曳的方法将 w1.docx 文件分别复制到 Test2 和 Test3 文件夹中。使用组合键将 t1.txt 文件移动到 Test2 文件夹中。

（5）将 D:\Test2\w1.docx 更名为 w2.docx。将 w2.docx 文件移动到回收站中，然后恢复到原位置，最后将回收站清空。

操作提示：按<Delete>键即可将文件删除并放入回收站；若要直接将文件从磁盘上彻底删除而不放入回收站，则先选中要删除的文件，然后按<Shift+Delete>组合键，即可将文件彻底删除，删除后的文件不能恢复。

（6）在桌面上建立 E:\Test3\w1.docx 的快捷方式，并利用快捷方式打开该文件。

操作提示：在 w1.docx 文件上单击鼠标右键，在弹出的快捷菜单中选择"发送到>桌面快捷方式"命令。

（7）查看 D:\Test2 中 t1.txt 文件的属性，并将其属性设置为"只读"和"隐藏"。

（8）搜索 C 盘中文件名第 2 个字母为 a、扩展名为.txt 的文件，并将搜索结果中的任意一个文件复制到桌面上。

操作提示：在搜索时，可以使用通配符"*"和"?"；"*"表示任意多个字符，"?"表示任意一个字符。

（9）搜索 D 盘中 2021 年内修改过的所有.bmp 格式的文件。

操作提示：单击搜索框，除了可以输入搜索文本外，还可以选择"修改日期"和"大小"等搜索选项。这将为用户提供更准确的搜索结果。

第3章
文字处理软件 Word 2016

Microsoft Office 2016 办公套件包括 Word、Excel、PowerPoint、Outlook、Publisher、OneNote、Access 等组件。Word 2016 以增强的导航、翻译和协同办公等功能提升了用户在办公自动化方面的工作体验和效率。

本章主要内容包括 Microsoft Office 2016 概述，Word 2016 窗口知识，文档的基本操作，以及格式、排版、图形、表格、页面和打印的设置方法。

3.1 Microsoft Office 2016 概述

Microsoft Office 2016 官方正式版本于 2015 年 9 月 23 日发布，这是 Microsoft 公司发布的全新 Office 办公软件，相比于之前的 Microsoft Office 2013 变化不是特别大，但对各组件的界面和功能都进行了微调整。

Microsoft Office 2016 提供了一组非常全面的应用程序，其中的每个应用程序都是针对特定的工作设计的，是完成相应任务的最佳工具。本节简要介绍 Microsoft Office 2016 中的 Word、Excel、PowerPoint、Access、Outlook、Publisher 和 OneNote 应用程序。

1. 文字处理软件 Word 2016

Word 是 Microsoft 公司的一个文字处理应用程序，它最初是为运行 DOS 的 IBM 计算机而在 1983 年编写的。它之后的版本可运行于 Apple Macintosh（1984 年）、SCOUNIX 和 Microsoft Windows（1989 年），并成为 Microsoft Office 办公套件的一部分。

在 Microsoft Office 2016 中，Word 2016 可以实现实时的多人合作编辑，在合作编辑过程中，其他人输入的内容能够被实时地显示出来。

一直以来，Word 都是最流行的文字处理软件之一。作为 Microsoft Office 办公套件的核心应用程序之一，Word 2016 提供了许多便于使用的文档创建工具，同时也提供了丰富的用于创建复杂文档的功能集。

2. 电子表格软件 Excel 2016

Excel 也是 Microsoft Office 办公套件的组件之一，是 Microsoft 公司为 Windows 和 Apple Macintosh 操作系统的计算机而编写的一款试算表软件。Excel 是 Microsoft Office 办公套件的一个重要组成部分，它可以进行各种数据的处理、统计、分析和辅助决策操作，广泛应用于管理、统计、财经、金融等领域。

在 Excel 2016 中，用户通过创建公式指定计算的值和计算中使用的数学运算符，可以完成相应的计算。Excel 2016 还提供了函数，即用来执行较复杂计算的预设公式。Excel 2016 不只提供了帮助创建公式和检查公式错误的工具，还提供了许多数据格式化选项，可以使数据更便于读取。

3. 演示文稿软件 PowerPoint 2016

PowerPoint 是 Microsoft 公司设计的演示文稿软件。用户不仅可以在投影仪或者计算机上进行演示，也可以将演示文稿打印出来或制作成胶片，以便应用到更广泛的领域中。用户利用 PowerPoint 不仅可以创建演示文稿，还可以在互联网上召开面对面会议、远程会议或在网上给观众展示演示文稿。由 PowerPoint 制作出来的内容叫演示文稿，它是一个文件，其扩展名为 PPT，也可以将其保存为 PDF 格式、图片格式、视频格式等。演示文稿中的每一张叫幻灯片，每一张幻灯片都是既相互独立又相互联系的对象。

4. 数据库应用软件 Access 2016

Access 是 Microsoft Office 办公套件中用来专门管理数据库的应用程序。所谓数据库，是指经过组织的、有关特定主题或对象的信息集合。数据库管理系统分为两类，即文件数据库管理系统和关系型数据库管理系统。Access 应用程序就是一种功能强大且使用方便的关系型数据库管理系统，一般也称关系型数据库管理软件。它可运行于各种 Windows 系统环境中，由于继承了 Windows 的特性，因此不仅易于使用，而且界面友好，如今在世界各地广泛流行。它并不需要数据库管理者具有专业的程序设计水平，任何非专业的用户都可以使用其创建功能强大的数据库管理系统。

5. 电子邮件软件 Outlook 2016

Outlook 也是 Microsoft Office 办公套件的组件之一。Outlook 的功能很多，用户可以用其收发电子邮件、管理联系人信息、记日记、安排日程、分配任务等。

6. 桌面出版应用软件 Publisher 2016

Microsoft Office 办公套件中的 Publisher 是 Microsoft 公司发行的桌面出版应用软件。它常被人们认为是一款入门级的桌面出版应用软件，能够提供比 Word 更加强大的页面元素控制功能。用户在设计宣传册或海报时可以用它进行辅助。但比起专业的页面布局软件，Publisher 还是略逊一筹。

7. 笔记本软件 OneNote 2016

OneNote 是一套以自由形式获取信息及多用户协作的工具。OneNote 常用于笔记本或台式机，但更适用于支持手写笔操作的平板电脑。用户在这类设备上可使用触控笔、声音或视频创建笔记，比单纯使用键盘更方便。

OneNote 可以作为一种电子剪贴簿，用来记录与具体活动或项目有关的笔记、参考资料和文件。当需要用到与某个主题或特定项目相关的材料时，可以直接切换到与其对应的笔记本选项卡。

3.2　Word 2016 窗口

Word 2016 窗口由标题栏、快速访问工具栏、选项卡、功能区、文本编辑区、状态栏、视图按钮及缩放模块等部分组成，如图 3-1 所示。下面介绍其中的几个重要部分。

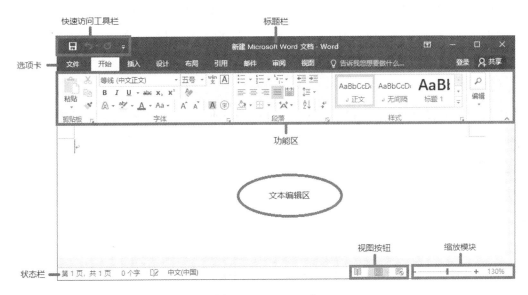

图 3-1　Word 2016 窗口

1. 标题栏

标题栏位于 Word 2016 窗口的顶端，它显示了当前编辑的文档的名称、文档是否为兼容模式。标题栏的最右侧是 Word 2016 的最小化、最大化和关闭按钮。

2. 快速访问工具栏

标题栏的左侧是快速访问工具栏。用户可以在快速访问工具栏中放置一些常用的命令，如新建、保存、撤销、打印等。快速访问工具栏中的命令按钮不会动态变换。

用户可以非常灵活地增删快速访问工具栏中的命令。若要向快速访问工具栏中增加命令或者从其中删除命令，则只需单击快速访问工具栏右侧的下拉按钮，在下拉列表中勾选或者取消勾选相关选项。

如果选择快速访问工具栏下拉列表中的"在功能区下面显示"选项，快速访问工具栏就会出现在功能区下方。

3. 选项卡与功能区

在文本编辑区上方看起来像菜单的名称其实是选项卡的名称，单击这些名称时并不会打开菜单，而会切换到与之相对应的功能区。Word 2016 的选项卡包括"开始""插入""设计""布局"等。每个功能区根据操作对象的不同又可分为若干个组，每个组中又集成了功能相近的命令。

4. 文本编辑区

文本编辑区是输入、编辑文档的区域。用户可以在此区域输入文档内容，并可以对文档内容进行编辑、排版。

5. 视图模式

Word 2016 提供了 5 种视图模式供用户选择，包括"阅读视图""页面视图""Web 版式视图""大纲视图""草稿视图"。用户可以在"视图"选项卡的功能区中选择需要的视图模式，也可以在 Word 2016 窗口的右下方单击"视图"按钮选择视图。

（1）阅读视图

"阅读视图"以图书的分栏样式显示 Word 文档，选项卡、功能区等窗口元素被隐藏了起来。在"阅读视图"中，用户还可以单击"工具"按钮选择各种阅读工具。

（2）页面视图

"页面视图"可以显示 Word 文档的打印效果，主要包括页眉、页脚、图形对象、分栏设置、页面边距等，是最接近实际打印效果的视图。

（3）Web 版式视图

"Web 版式视图"以网页的形式显示文档，其适用于发送电子邮件和创建网页。

（4）大纲视图

"大纲视图"主要用于设置 Word 文档标题的层级结构，并可以方便地折叠和展开文档的各种层级。"大纲视图"广泛应用于长文档的快速浏览和设置。

（5）草稿视图

"草稿视图"中取消了页面边距、分栏、页眉、页脚和图片等元素，仅显示标题和正文，是最节省计算机系统硬件资源的视图模式。不过现在计算机系统的硬件配置都比较高，基本上不存在硬件配置偏低使 Word 运行出错的问题。

3.3 文档的基本操作

文档的基本操作包括创建文档、保存文档、关闭文档及保护文档。

3.3.1 创建文档

创建 Word 文档的方法很多，这里介绍其中常用的两种方法。

1. 在桌面上创建新文档

在桌面的空白处单击鼠标右键，在弹出的快捷菜单中选择"新建>Microsoft Word 文档"命令，新建一个 Word 文档。此时新建的文档处于待命名状态，为新建的文档命名，然后按<Enter>键，即可创建新的空白文档。

2. 使用"开始"菜单创建新文档

打开"开始"菜单，找到并运行 Word 应用程序，系统会自动创建并弹出新文档窗口。单击"空白文档"选项，即可创建新的空白文档。

3.3.2 保存文档

第一次保存文档时，应该选择它的保存位置，并给文档指定一个有效的名称。Word 会根据文档的第一行文本内容提供一个建议名称，但是当用户想要再次打开这个文档时，这种名称不易查找，所以在保存并命名文档时，需要设置一个容易记住并方便查找的名称，以便对文档进行查阅和修改。第一次保存文档的具体操作步骤如下。

打开"文件"菜单，选择"保存"命令进行保存。如果是初次保存，则会显示"另存为"界面，如图 3-2 所示。单击"浏览"选项，在弹出的"另存为"对话框中选择文档的保存位置并为文档命名，最后单击"保存"按钮。

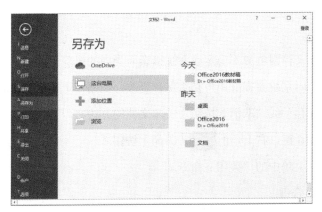

图 3-2 "另存为"界面

快速保存 Word 文档的方法有以下两种。

（1）在快速访问工具栏中单击 ⊟（保存）按钮。

（2）按<Ctrl+S>组合键。

在对文档进行编辑时，可能会遇到一些突发状况，如死机、停电等，如果没有及时保存文档，则会丢失之前编辑的内容，因此需要设置文档的自动保存功能。下面介绍设置文档自动保存功能的具体操作步骤。

（1）打开 Word 文档，打开"文件"菜单，选择"选项"命令，打开"Word 选项"对话框，选择"保存"选项，如图 3-3 所示。

图 3-3　　"Word 选项"对话框

（2）通过"保存自动恢复信息时间间隔"选项设置自动保存文档的时间，系统默认 10 分钟保存一次文档。通过"自动恢复文件位置"选项设置保存文件的位置，单击"浏览"按钮，可以设置保存文件的位置。

3.3.3　关闭文档

关闭文档可以降低文档因电源不稳定或系统错误而受损的风险，同时，如果没有保存对文档所做的更改，关闭文档时系统会提醒用户是否保存更改，如图 3-4 所示。此时用户应根据需要，单击"保存"或"不保存"或"取消"按钮。关闭文档的方法有以下 3 种。

（1）单击 Word 2016 窗口右上角的 ✕（关闭）按钮。

（2）选择"文件"菜单中的"关闭"命令。

（3）按<Ctrl+W>组合键。

图 3-4　保存文档

3.3.4　保护文档

Word 2016 通过设置文档的密码实现对文档的保护。如果用户需要对所编辑的文档进行打开限制或编辑限制，则可以启用"保护文档"功能，具体操作步骤如下。

（1）在需要保护的文档的编辑窗口中选择"文件"菜单中的"信息"命令，打开"信息"界面。

（2）单击"保护文档"按钮，选择"用密码进行加密"选项，在"加密文档"对话框中设置密码，如图 3-5 所示。

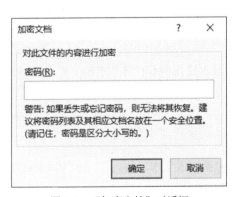

图 3-5　"加密文档"对话框

（3）单击"确定"按钮，弹出"确认密码"对话框。再次输入设置的密码，单击"确定"按钮，即可完成密码的设置。

若不希望其他用户查看和修改文档，则可以为文档设置"打开文件时的密码"和"修改文件时的密码"，具体操作步骤如下。

（1）选择"文件"菜单中的"另存为"命令，选定文档的存储位置后，会弹出"另存为"对话框，再选择"工具"下拉列表中的"常规选项"选项，弹出"常规选项"对话框，输入"打开文件时的密码"和"修改文件时的密码"，如图 3-6 所示。

（2）单击"确定"按钮，在弹出的对话框中再次输入密码，即可完成密码的设置。

图 3-6　在"常规选项"对话框中设置文档的密码

3.4　文档编辑

3.3 节介绍了 Word 文档的基本操作，本节将介绍如何为文档添加内容、如何对文档内容进行编辑。

3.4.1　输入内容

在文档中输入内容的操作包括输入文本、输入符号和输入公式等。

1．输入文本

输入文本时，文本编辑区内闪烁的光标称为"插入点"，它标志着文字输入的位置。随着文字的不断输入，插入点自动右移，输入到行尾时，Word 会自动换行。需要开始新的段落时，按<Enter>键后会产生一个段落标记，并且插入点会移到下一行行首。单击"开始"选项卡的"段落"组中的 　 （显示/隐藏编辑标记）按钮，可显示或隐藏段落标记和其他格式符号。

在输入新的文本前，要先了解当前的编辑方式是插入方式还是改写方式。在插入方式下，新输入的文本将添加到插入点所在的位置，该插入点后的文本将向后移动；在改写方式下，新输入的文本将覆盖位于插入点后的文本。按<Insert>键可以在插入方式和改写方式之间转换。

如果在输入文本的过程中出现了错误，则按<Backspace>键可以删除插入点前面的一个字符，而按<Delete>键可以删除插入点后面的一个字符。当需要在已完成输入的文本中插入文本时，应先将鼠标指针指向新的位置并单击定位插入点，然后进行输入，这样新输入的文本会出现在插入点位置。

在输入文本时，经常需要删除字符或词组，比较常见的按键的使用方法如下。

（1）按<Delete>键，可将选中的文本删除，也可删除插入点后面的一个字符。

（2）按<Backspace>键，可将选中的文本删除，也可删除插入点前面的一个字符。

（3）按<Ctrl+Delete>组合键，可将插入点后面的一个词组删除。

（4）按<Ctrl+Backspace>组合键，可将插入点前面的一个词组删除。

2. 输入符号

在使用 Word 编辑文档的时候，经常需要输入符号，一些比较常见的符号直接使用键盘输入即可，而一些键盘上没有的特殊符号，如①、⊙等就需要使用其他方法。

下面介绍在 Word 中输入各类符号的操作步骤。

将插入点定位到需要插入符号的位置，单击"插入"选项卡的"符号"组中"符号"右侧的下拉按钮，在弹出的下拉列表中选择"其他符号"选项，弹出"符号"对话框，从中选择需要的符号，单击"插入"按钮，可插入特殊符号，然后单击"关闭"按钮，如图 3-7 所示。

图 3-7　"符号"对话框

3. 输入公式

除了需要输入文本和各类符号外，有时还需要输入公式。

切换到"插入"选项卡，在"符号"组中单击"公式"右侧的下拉按钮，可以在下拉列表中选择需要的公式。

如果需要其他公式，可以在弹出的"公式"下拉列表中选择"Office.com 中的其他公式"选项，将弹出相应的公式列表。

如果选择"插入新公式"选项，Word 2016 将直接在文档中插入公式框，并显示与该公式框对应的"设计"选项卡，对应的功能区会出现公式中可能需要的符号，如图 3-8 所示。

图 3-8　公式符号

3.4.2　编辑文档内容

在文档中输入内容后，可以对文档内容进行编辑，如选择、复制与移动、撤销与恢复、查找与替换等。

1．选择

最常用的选择文本的方法就是按住鼠标左键并拖曳，使选择的文本在屏幕上以灰底显示。对于图形，可以单击该图形进行选择。选择文本内容的方法有以下几种。

（1）使用鼠标选择文本。

①选择一个单词：在需要选择的单词上双击，即可选择需要的单词。

②选择任意数量的文本：把鼠标指针指向要选择文本的开始处并单击，按住鼠标左键并拖曳以选择文本，当拖曳到选择文本的末端时，释放鼠标左键。

③选择一句文本：按住<Ctrl>键，再在文本中的任意位置单击即可选择这句文本。

（2）利用选定栏选择文本。

选定栏是指文本编辑区左端至文本之间的空白区域。当鼠标指针经过选定栏时，将会变成 ⬩ 形状。

①选择一行文本：将鼠标指针移动至该行左侧的选定栏中并单击。

②选择多行文本：将鼠标指针移动至第一行左侧的选定栏中，按住鼠标左键并在选定栏中拖曳至最后一行，释放鼠标左键。

③选择全文：在选定栏中单击鼠标左键 3 次。

（3）按住<Shift>键配合方向键进行选择。

先将插入点定位至要选择文本的开始处，然后按住<Shift>键并按↑、↓、←、→4 个方向键，可以在插入点处进行上下左右的选择。

（4）使用<Ctrl>键进行选择。

在按住<Ctrl>键的同时拖曳鼠标，可以选择文本中不连续的多个区域，从而很方便地为文档中不同位置的文本设置同样的格式。按<Ctrl+A>组合键，可以选择整个文档。

2．复制与移动

可使用剪贴板对文档内容进行复制、移动操作。剪贴板是系统专门开辟的一块区域，用于在应用程序间交换数据。剪贴板不仅可以存放文字，还可以存放表格、图形等对象。

复制文本是指将被选择的文本内容复制到指定区域，原文本保持不变；移动文本是指将被选择的文本内容移动到指定位置，移动完成后原文本将被删除。

（1）复制文本

选择要复制的文本内容，单击"开始"选项卡的"剪贴板"组中的 ▤▤ 复制 （复制）按钮，或者按<Ctrl+C>组合键。将鼠标指针移动到目标位置并单击"剪贴板"组中的 ▥ （粘贴）按钮，或者按<Ctrl+V>组合键，即可实现文本的复制。连续执行"粘贴"操作，可将一段文本复制到文档的多个位置。

（2）移动文本

选择要移动的文本内容，单击"开始"选项卡的"剪贴板"组中的 ✂ 剪切 （剪切）按钮，或者按<Ctrl+X>组合键。将鼠标指针移动到目标位置并单击"剪贴板"组中的 ▥ （粘贴）按钮，或者按<Ctrl+V>组合键，即可实现文本的移动。连续执行"粘贴"操作，可将一段文本移动并复制到文档的多个位置。

此外，拖曳鼠标指针也可以移动或复制文本。选择要移动或复制的文本内容，此时鼠标指针变为箭头形状，按住鼠标左键拖曳选择内容到目标位置即可完成移动操作；如果在拖曳时按住<Ctrl>键，则会执行复制操作。

3. 撤销与恢复

在 Word 2016 中编辑文档时，如果进行了不合适的操作需要返回原来的状态，则可以使用"撤销"或"恢复"功能进行撤销与恢复操作。

（1）撤销操作

①单击快速访问工具栏中的 ↰ （撤销）按钮即可撤销最近一步的操作。重复单击该按钮可以进行多次撤销操作。

②按<Ctrl+Z>组合键或<Alt+Backspace>组合键可以撤销前一步操作，反复按组合键可以进行多次撤销操作。

（2）恢复操作

①单击快速访问工具栏中的 ↻ （恢复）按钮，每单击一次该按钮就可以恢复一次最近的撤销操作。

②按<Ctrl+Y>组合键也可以恢复一次最近的撤销操作，反复按<Ctrl+Y>组合键可以进行多次恢复撤销操作。

4. 查找与替换

文本的查找与替换是 Word 中的常用操作，二者的操作方法类似。

查找文本的操作方法如下。

（1）切换到"开始"选项卡，单击"编辑"组中的"查找"按钮，或者按<Ctrl+F>组合键。在搜索框内输入要查找的内容，被找到的内容会以黄底显示。

（2）切换到"开始"选项卡，单击"查找"按钮右边的箭头，在下拉列表中选择"高级查找"选项，弹出"查找和替换"对话框。在"查找内容"文本框内输入要查找的内容，单击"更多"按钮，可设置查找的范围、查找对象的格式、查找的特殊字符等。单击"查找下一处"按钮依次进行查找，被找到的内容会以灰底显示。

如果在编辑文档时需要将文档中的文本替换为其他文本，可以使用"替换"命令对文本进行替换。

替换文本的具体操作步骤如下。

切换到"开始"选项卡，单击"编辑"组中的"替换"按钮，或者按<Ctrl+H>组合键。在弹出的"查找和替换"对话框的"查找内容"文本框内输入要查找的内容，在"替换为"文本框内输入要替换的内容。单击"替换"按钮，系统每次替换一处查找到的内容；单击"全部替换"按钮，可以一次性全部替换。

3.4.3 拼写和语法检查

切换到"审阅"选项卡，在"校对"组中单击"拼写和语法"按钮，可对已输入的文本内容进行拼写和语法检查，还可利用 Word 的"自动更正"功能将某些单词更改为正确的形式。

Word 提供了针对英语拼写的自动检查功能，如果文档中存在不符合拼写规则的英文单词，Word 会自动在其下方显示一条红色波浪线，以提醒用户注意。用鼠标右键单击该波浪线，Word会给出修改建议。

选择"文件">"选项">"校对"命令，单击弹出对话框中的"自动更正选项"按钮，弹出"自动更正"对话框。用户在该对话框中可以设置自动更正的内容，如"句首字母大写""英文日期第一个字母大写"等。

3.5 格式设置

文档的格式设置包括文字格式设置、段落格式设置及特殊中文的排版格式设置等。

3.5.1 设置文字格式

文字格式的设置主要包括字体、字号和字形 3 个部分。其中字体是指文字采用的是宋体、黑体还是楷体等字体形态，字号是指文字的大小，字形是指文字是否加粗、是否倾斜、是否有下画线等。

Word 有 4 个级别的格式，即字符或字体、段落、节与文档。字符或字体格式包括加粗、倾斜、字号、上标和其他属性，最小可以应用到单个字符。

字符的格式化是指对文档中文本的字体、字号、字形、字符间距及字体颜色等格式进行设置。设置字符格式的主要方法有以下几种。

1. 在选项卡中设置

在"开始"选项卡的"字体"组中，可以对字体、字号、字体颜色、字形等格式进行快捷设置，如图 3-9 所示。

图 3-9　"字体"组

2. 在"字体"对话框中设置

选择需要修改字体的文本，切换到"开始"选项卡的"字体"组中，单击右下角的 按钮，弹出图 3-10 所示"字体"对话框。在该对话框中设置各选项，完成后单击"确定"按钮。

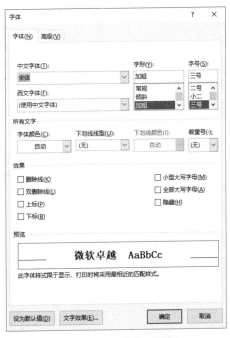

图 3-10　"字体"对话框

3. 通过快捷菜单设置

选择文本后单击鼠标右键，在弹出的快捷菜单中选择"字体"命令，弹出图 3-10 所示"字体"对话框。在该对话框中设置各选项，完成后单击"确定"按钮。

4. 在文本格式面板中设置

选择好文本后，将鼠标指针停留在选择的文本上，即弹出相应的文本格式面板，如图 3-11 所示。

图 3-11　文本格式面板

使用组合键，可以很方便地对文本进行格式化设置。常用的组合键如下。

Ctrl+Shift+P：调出"字体"对话框。

Ctrl+D：改变字符格式。

Ctrl+Shift+>：增大字号。

Ctrl+Shift+<：减小字号。

Ctrl+]：逐磅增大字号。

Ctrl+[：逐磅减小字号。

Ctrl+B：设置加粗格式。

Ctrl+I：设置倾斜格式。

Ctrl+U：设置下画线格式。

Ctrl+=：设置下标格式。

Ctrl+Shift++：设置上标格式。

Ctrl+Shift+C：复制格式。

Ctrl+Shift+V：粘贴格式。

除了可以使用上述组合键复制文本格式，也可以使用"格式刷"复制文本格式，其操作步骤如下。

（1）选择已设置好格式的一段文本，再单击"开始"选项卡的"剪贴板"组中的 ❖ 格式刷（格式刷）按钮。当鼠标指针变成小刷子形状时，拖曳选择要进行格式复制的文本，小刷子经过的文本的格式就会变为之前选择的文本的格式。

（2）若要将文本格式复制到多处，则应双击"格式刷"按钮，再拖曳鼠标进行多次格式的复制操作，操作完成后再次单击"格式刷"按钮或按键盘左上角的<Esc>键，即可退出复制格式状态。

3.5.2　设置段落格式

在 Word 文档中，用户输入的所有内容都位于段落中。即使没有输入任何内容，每个 Word 文档中也至少包含一个已经指定格式的空段落。下面将详细介绍 Word 中各种段落格式的设置，包括段落的对齐方式、缩进、间距、换行和分页、项目符号和编号。

1. 设置段落的对齐方式

"开始"选项卡的"段落"组中包含了 5 个对齐按钮，单击某个按钮，即可把相应的对齐方式应用于所选段落。

▤（两端对齐）：使文本左端和右端的文字沿段落的左右边界对齐，段落的最后一行左对齐；两端对齐适用于一般文本，特别是英文文档。

▤（居中对齐）：使选择的文本居中对齐。

▤（右对齐）：使选择的文本靠段落右边界对齐。

▤（分散对齐）：使选择的文本均匀分散在本行。

▤（左对齐）：使选择文本靠段落左边界对齐；在文本只有一行的情况下，两端对齐和左对齐的作用相同。

设置段落对齐方式的方法为：选择想要设置对齐方式的文本，在"开始"选项卡中单击"段落"组中需要的对齐方式的按钮。

2. 设置段落的缩进

缩进表示在段落的一行或多行和左右页边距之间增加额外的空间。"缩进"功能一般用于实现段落首行的自动缩进、引文块相对于左右页边距的缩进，以及带项目符号或编号的文本的悬挂缩进。在"开始"选项卡的"段落"组中单击 ▤（增加缩进量）和 ▤（减少缩进量）按钮，可以增加或减少预设的缩进量。

在"布局"选项卡的"段落"组中单击 ▤左: 和 ▤右: 按钮也可以增加或减少缩进量。

在 Word 中，段落的缩进一般包括首行缩进、悬挂缩进、左缩进和右缩进。

在 Word 中，可以使用标尺（此处指水平标尺）和"段落"对话框来设置段落的缩进。

（1）使用标尺设置缩进

标尺提供了一种基于鼠标的设置缩进的方法，尤其便于设置首行缩进和悬挂缩进。首行缩进只缩进段落的第一行。悬挂缩进会缩进除第一行之外的所有行，也会缩进带有项目符号和编号的行；这个方法还允许用户在拖曳鼠标时查看文本是如何改变的，以便确定要设置的缩进量。具体操作过程如下。

首先，显示标尺。在"视图"选项卡的"显示"组中勾选"标尺"复选框。"标尺"复选框用于控制当前文档中标尺的显示与隐藏。

然后，选择要缩进的段落，根据需要拖曳标尺上的缩进控件，设置需要的缩进量。图 3-12 所示为各个缩进控件。在拖曳缩进控件的同时按住 Alt 健，Word 会显示测量尺寸，以便更加准确地提示用户。缩进设置完成后，可以在"视图"选项卡的"显示"组中取消"标尺"复选框的勾选。

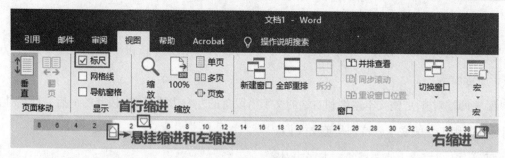

图 3-12　缩进控件

（2）使用"段落"对话框设置缩进

要精确地设置缩进量，就需要使用"段落"对话框，具体操作过程如下。

选择想要缩进的段落，或者同时选择几个段落，切换到"开始"选项卡的"段落"组中，单击右下角的 按钮，弹出"段落"对话框，如图 3-13 所示。

图 3-13　"段落"对话框

"缩进"选项组中有"左侧""右侧""特殊格式"等选项，在其中设置缩进量，设置完成后单击"确定"按钮。

3. 设置行间距和段间距

行间距是指段落中行之间的距离，段间距是指某段落与其相邻段落之间的距离。

（1）行间距

设置行间距的具体操作过程如下。

选择需要设置间距的行，切换到"开始"选项卡的"段落"组中，单击右下角的 按钮，弹出"段落"对话框，在"间距"选项组中设置"行距"和"设置值"选项。

（2）段间距

设置精确的段间距的具体操作过程如下。

选择需要设置间距的段落，切换到"开始"选项卡的"段落"组中，单击右下角的 🔓 按钮，弹出"段落"对话框，在"间距"选项组中设置"段前"和"段后"选项。

4．设置换行和分页

在"段落"对话框中切换到"换行和分页"选项卡，此处提供了许多控制段落中的文本在某些条件下的格式的选项。"换行和分页"选项卡的介绍如下。

选择要修改的段落，单击"开始"选项卡的"段落"组右下角的 🔓 按钮，弹出"段落"对话框，切换到"换行和分页"选项卡，在此可以勾选或取消勾选对应的复选框，如图 3-14 所示。

图 3-14　"换行和分页"选项卡

孤行控制：防止在页面顶端单独打印段落末行或在页面底端单独打印段落首行。

与下段同页：强制让一个段落与其下一个段落同时出现，用于将标题与标题后第一段的至少前几行保持在一页内，也可用于将标题和图片、图形、表格等保持在同一页内。

段中不分页：防止一个段落被分隔到两页中。

段前分页：强制在段前自动分页。

取消行号：勾选该复选框后会临时隐藏以前设置的行号。

取消断字：保证在指定段落内不断字，常用于保持引文的完整性，使引文中的单词和位置都与原来相同。

5. 设置项目符号和编号

Word 的编号功能是很强大的，用户运用该功能可以轻松地设置多种格式的编号及多级编号等。一般在一些列举条件的地方会采用项目符号。设置项目符号和编号的具体操作过程如下。

（1）在文档中将插入点定位在需要添加项目符号的段落中，单击"开始"选项卡的"段落"组中的 ⬝☰ ▾ （项目符号）按钮，在弹出的下拉列表中选择一个项目符号，如图 3-15 所示。

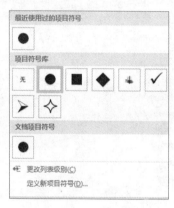

图 3-15 项目符号

（2）如果该下拉列表中没有想要的项目符号，可以选择"定义新项目符号"选项，在弹出的"定义新项目符号"对话框中选择需要的项目符号。可以在该对话框中单击"图片"按钮，把一张图片作为项目符号使用；还可以设置使用项目符号后的段落的对齐方式和字体。

3.5.3 特殊中文排版

在中文排版中经常会用到一些特殊的格式，如文字竖排、首字下沉及中文注音等。

1. 文字竖排

在 Word 中，默认的文本排版方式是横排，当遇到一些有特殊要求的古文时，则需要竖排文字。竖排文字有以下两种方法。

（1）单击"布局"选项卡的"页面设置"组中的"文字方向"按钮，弹出图 3-16 所示下拉列表，从中选择"垂直"选项。

图 3-16　　"文字方向"下拉列表

（2）单击"布局"选项卡的"页面设置"组右下角的 □ 按钮，弹出"页面设置"对话框，切换到"文档网格"选项卡，在"文字排列"选项组中选择"垂直"选项，如图 3-17 所示。

图 3-17　　"页面设置"对话框

选择"垂直"选项后，系统会默认将纸张方向变为横向，这里需要切换到"布局"选项卡的"页面设置"组中，单击"纸张方向"按钮，在下拉列表中选择"纵向"选项，将纸张方向改为纵向。

2. 首字下沉

使用"首字下沉"功能可以将段落开头的第一个或若干个字母、文字的字号变大，并以下沉或悬挂的方式显示，以美化文档的版面。首字下沉的具体操作过程如下。

选择需要设置首字下沉格式的文本，单击"插入"选项卡的"文本"组中的"首字下沉"按钮，弹出图 3-18 所示下拉列表，选择"下沉"选项，还可以选择"悬挂"选项。

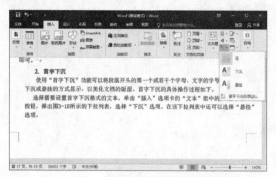

图 3-18　"首字下沉"下拉列表

如果需要更详细地设置首字下沉格式，可以选择"首字下沉选项"选项，弹出"首字下沉"对话框，在其中可以设置下沉文本的字体，还可以设置下沉行数和下沉文本与正文的距离。

3. 中文注音

Word 提供了为汉字添加拼音的功能，该功能可以方便地为汉字添加拼音。

给汉字注音是小学生学习语文时的必要环节，那么如何使用 Word 为文本注音呢？其具体操作过程如下。

选择要注音的文本，单击"开始"选项卡的"字体"组中的 ![wén 文]（拼音指南）按钮，弹出"拼音指南"对话框，如图 3-19 所示。在该对话框中适当调整偏移量和字号，单击"确定"按钮，即可完成拼音的添加。

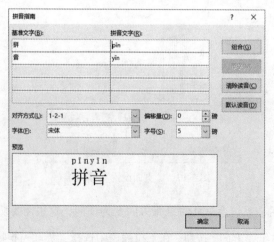

图 3-19　"拼音指南"对话框

为了得到较好的效果，可以在文本中间加入空格或加大字间距，同时也可以适当加大拼音的偏移量和字号。

3.6　排版设置

文档的排版设置是文档编辑过程中不可缺少的重要环节。无论是一篇文章、一份报告、一份合同，还是一份通知，在排版格式上都或多或少地有一些要求。在输出或打印文档之前必须合理地编排文档格式，这样才能使文档更加美观、清晰，便于阅读。

3.6.1　页面设置

"布局"选项卡的"页面设置"组中提供了确定文档整体布局的重要设置。在没有分节符的基本文档中，"页面设置"组中的大多数选项会应用于整个文档。添加分节符后，就可以根据需要在每一节中调整"页面设置"选项了。

1. 设置纸张的大小

在"布局"选项卡的"页面设置"组中，"纸张大小"按钮用于设置纸张的大小。单击该按钮，会显示出预设的标准纸张大小。选择"其他纸张大小"选项，弹出"页面设置"对话框，切换到"纸张"选项卡，如图 3-20 所示。如果要创建自定义的纸张大小，则可以在"纸张大小"下拉列表中选择"自定义大小"选项，在"宽度"和"高度"微调框中输入需要的值，然后单击"确定"按钮，给文档应用更改后的纸张大小。

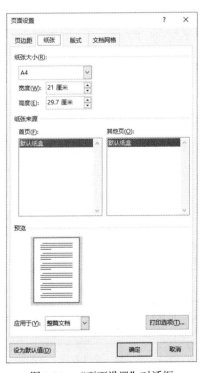

图 3-20　"页面设置"对话框

2. 设置纸张的方向

纸张方向是指页面是水平（横向）放置的还是垂直（纵向）放置的。默认的纸张方向为垂直方向，有时可能需要将页面旋转为水平方向，以更好地显示图片、表格或其他对象。要改变文档的纸张方向，可以在"布局"选项卡的"页面设置"组中单击"纸张方向"按钮，再根据需要选择"横向"或"纵向"选项。

3. 页边距

在"布局"选项卡的"页面设置"组中单击"页边距"下拉按钮，可以显示一个下拉列表，如图 3-21 所示。单击其中一种预设的页边距就可以将其应用到文档中。如果文档中包含多个节，且未选中任何内容，则每一种预设仅能应用于当前节；若所选内容包含多个节，则每一种预设仅能应用于所选的这些节。

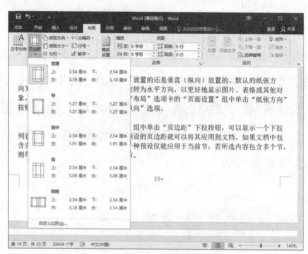

图 3-21 "页边距"下拉列表

如果需要更准确地设置页边距，可选择"自定义页边距"选项，弹出"页面设置"对话框，切换到"页边距"选项卡。在该选项卡中，可以设置所有的页边距，并将其应用到文档中。

3.6.2 分栏设置

分栏就是将文档分成几列排版，常用于论文、报纸和杂志的排版中。可以对整个文档进行分栏操作，也可以只对某个段落进行分栏操作。实现图 3-22 所示分栏效果的具体操作过程如下。

> CDIO工程教育模式是近年来国际工程教育改革的最新成果。从2000年起，麻省理工学院和瑞典皇家工学院等4所 大学组成的跨国研究组织获得 Knut and Alice Wallenberg 基金会近2000万美元的巨额资助。他们经过4年的探索研 究，推出了CDIO工程教育理念，并成立了以CDIO命名的国际合作组织。

图 3-22 分栏效果

1．创建分栏

要将当前节（或选择节和文本）分栏，可以单击"布局"选项卡的"页面设置"组中的"分栏"按钮，这时会弹出"分栏"下拉列表，从中选择预设的分栏格式。如果不希望使用任何预设的分栏格式，可以选择"更多分栏"选项，弹出"分栏"对话框，如图 3-23 所示。该对话框中显示了与"分栏"下拉列表中相同的 5 个预设分栏格式；可以在左右页边距之间插入更多的分栏。在该对话框中设置好分栏参数后，单击"确定"按钮即可完成分栏操作。

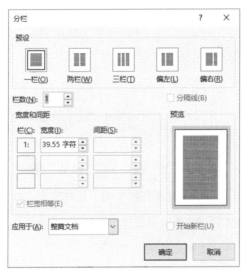

图 3-23　"分栏"对话框

2．设置栏和分隔线

在图 3-23 中可以看到"分隔线"复选框。当设置的"栏数"大于 1 时，"分隔线"复选框才会被激活，勾选"分隔线"复选框可以在两栏之间添加一条垂直的分隔线。添加分隔线有助于保证分栏的可见性，提高文档的可读性。设置"宽度"和"间距"，可以设置分栏中一栏的宽度，单位为字符。设置 1 以上的栏数之后，"间距"选项可用，可以设置两栏之间的距离。

3.6.3　边框和底纹

为了提高文档的美观性，可以为文档和文本内容添加边框和底纹。本小节将介绍如何为文档和文本内容添加边框和底纹。

1．为页面添加边框

为页面添加边框的具体操作过程如下。

单击"设计"选项卡的"页面背景"组中的"页面边框"按钮，弹出"边框和底纹"对话框，在"页面边框"选项卡中设置边框的"样式""颜色""宽度""艺术型"等属性，如图 3-24 所示。

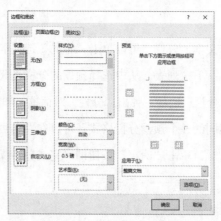

图 3-24　"页面边框"选项卡

2．为文字添加边框

为文字添加边框不仅可以美化文档，还可以标注主题、突出要点。为文字添加边框的具体操作过程如下。

选择需要添加边框的文字，单击"开始"选项卡的"段落"组中 田（边框）右侧的下拉按钮，在弹出的下拉列表中选择边框的类型；或者在弹出的下拉列表中选择"边框和底纹"选项，弹出"边框和底纹"对话框，在"边框"选项卡中选择合适的边框。

3．为文字添加底纹

要突出文字，除了可以为文字添加边框外，还可以为文字添加底纹。为文字添加底纹的具体操作过程如下。

选择需要添加底纹的文字，单击"开始"选项卡的"段落"组中 （底纹）右侧的下拉按钮，弹出"底纹"下拉列表，从中可以选择底纹的颜色，如图 3-25 所示。如果"主题颜色"中没有合适的颜色，可以选择"其他颜色"选项，弹出"颜色"对话框，从中选择需要的颜色。

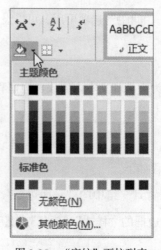

图 3-25　"底纹"下拉列表

3.7 图形设置

在文档中经常会插入图片、编辑图片、设置图片与文字的环绕方式，以及设置图片的排列方式等。

3.7.1 插入图片

在文档中可以插入文件中的图片、联机图片，也可以插入屏幕截图等。

1. 插入文件中的图片

要在文档的当前位置插入图片，具体的操作过程如下。

（1）将插入点定位到需要插入图片的位置，再单击"插入"选项卡的"插图"组中的"图片"按钮，弹出"插入图片"对话框，如图 3-26 所示。"插入图片"对话框中默认显示了"图片库"中的内容。

图 3-26 "插入图片"对话框

（2）如果图片在其他位置，则可以在左侧的列表框中找到相应的位置，在右侧的列表框中找到需要的图片，单击"插入"按钮，将图片插入文档中。

2. 插入联机图片

在以前版本的 Word 中有一个本地保存的剪贴画集，可以通过"剪贴画"窗口或库插入剪贴画。自 Word 2013 起，该功能就被取消并换成了"联机图片"功能。联机图片是指从 Office.com 中搜索和选择图片。插入联机图片的具体操作过程如下。

（1）将插入点定位到需要插入图片的位置，单击"插入"选项卡的"插图"组中的"联机图片"按钮，弹出"插入图片"对话框，在"必应图像搜索"右侧的文本框中输入需要搜索的关键词。

（2）如果不知道要搜索什么图片，可以单击"必应图像搜索"按钮，进入图 3-27 所示对话框。选择需要插入的图片，单击"插入"按钮，即可将图片插入文档中。

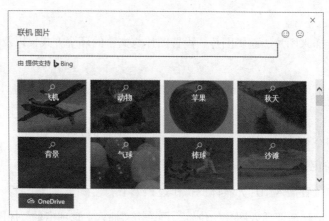

图 3-27　"联机图片"对话框

3. 插入屏幕截图

Windows 系统提供了捕捉屏幕图片的<Print Screen>组合键，Word 2016 以此功能为基础，允许用户直接在 Word 中插入其他已打开的 Office 文件的屏幕截图。将屏幕截图插入文档中的具体操作过程如下。

将插入点定位到需要插入屏幕截图的位置，单击"插入"选项卡的"插图"组中的"屏幕截图"按钮，弹出"可用的视窗"面板，从中选择需要的截图并插入文档中。

如果希望在插入图片时裁剪它，可以选择"可用的视窗"面板中的"屏幕剪辑"选项，然后在显示的白色区域上拖曳，指定该图片要显示在 Word 中的部分。

3.7.2　编辑图片

图片的编辑包括调整图片的大小、旋转图片、裁剪图片等。

1. 调整图片的大小

调整图片的大小有以下 3 种方法。

（1）单击需要调整的图片，可以看到图片周围出现了 8 个不同的控制手柄，将鼠标指针放置到其中一个控制手柄上，鼠标指针将变为双向箭头，按住鼠标左键并拖曳，将图片调整到满意的大小，然后释放鼠标左键。

若要相对于图片中心对称地调整图片大小，使图片在所有方向上等量变大或变小，可以在拖曳鼠标时按住<Ctrl>键。

（2）双击图片，切换到"图片工具">"格式"选项卡，在"大小"组中可以精确地设置图片的高度（ ）和宽度（ ）。在"高度"和"宽度"微调框中输入数值，按<Enter>键，即可应用输入的数值。默认情况下，系统会自动锁定纵横比，所以如果只输入"高度"值，按<Enter>键后，图片的宽度也会随之调整。

（3）单击"大小"组右下角的 ⬚ 按钮，弹出"布局"对话框，切换到"大小"选项卡，在其中设置"高度""宽度""旋转""缩放"等参数来调整图片的大小。

2. 旋转图片

旋转图片的方法有以下两种。

（1）选择需要旋转的图片，设置图片的位置或设置图片的环绕方式为除"嵌入型"外的其他方式。选择图片后，在图片的中上方会出现可旋转的控制手柄，将鼠标指针放置到可旋转的控制手柄上，鼠标指针会变为旋转箭头，按住鼠标左键并拖动鼠标即可旋转图片。

（2）单击"大小"组右下角的 ⬚ 按钮，弹出"布局"对话框，切换到"大小"选项卡，在其中设置"旋转"参数即可精确地旋转图片。

3. 裁剪图片

裁剪图片的具体操作过程如下。

（1）选择要裁剪的图片，在"图片工具"＞"格式"选项卡的"大小"组中单击"裁剪"按钮，选择的图片上会出现裁剪手柄。

（2）将鼠标指针放置到任意手柄上，鼠标指针的形状会改变，然后按住鼠标左键并拖曳，将鼠标拖过不需要的位置后，释放鼠标左键。

（3）单击图片的外部，完成裁剪操作。

3.7.3 设置图片的环绕方式

"环绕文字"功能决定了图形之间及图形与文字之间的交互方式。在文档中选择需要设置环绕方式的图片，单击"图片工具"＞"格式"选项卡的"排列"组中的"环绕文字"按钮，弹出下拉列表，从中选择想要采用的环绕方式，如图 3-28 所示。

图 3-28 　下拉列表

图片的环绕方式有以下几种。

（1）嵌入型：将图片插入文字层，可以拖曳图片，但只能将其从一个段落标记移动到另一个段落标记中；通常用在简单的演示文档和正式报告中。

（2）四周型：文档中放置图片的位置会出现一个方形的洞，文字会环绕在图片周围，使文字和图片之间产生间隙；可将图片拖曳到文档中的任意位置，通常用在有大片空白的新闻稿和传单中。

（3）紧密型：在文档中放置图片的地方创建一个与图片轮廓相同的洞，使文字环绕在图片周围；可以通过环绕顶点改变文字环绕的洞的形状；可将图片拖曳到文档中的任何位置，通常用在纸张空间有限且可以接收不规则形状的出版物中。

（4）穿越型：文字围绕着图片的环绕顶点。从实际应用来看，这种环绕方式产生的效果和表现出的行为与"紧密型"相同。

（5）上下型：创建一个与页边距等宽的矩形，文字位于图片的上方或下方，但不会在图片旁边；可将图片拖曳到文档的任何位置。

（6）衬于文字下方：将图片嵌在文档底部或下方的绘制层，可将图片拖曳到文档的任何位置；通常用在水印或页面背景图片中。

（7）浮于文字上方：将图片嵌在文档上方的绘制层，可将图片拖曳到文档的任何位置，文字位于图片下方；通常用在其他图片的上方，用来组合向量图，或者有意用某种方式遮盖文字以实现某种特殊效果。

此外，也可以选择需要设置环绕方式的图片，单击所选图片右上角的 （布局选项）按钮，在弹出的面板中设置"文字环绕"方式。

3.7.4 设置图片的排列方式

"图片工具"和"绘图工具"的"格式"选项卡的"排列"组中提供了分层、对齐、组合、旋转等各种处理 Word 对象的工具。对这些工具的介绍如下。

（1）上移一层：给对象分层时，把所选对象移动到上一层中；单击"上移一层"右侧的下拉按钮，选择"上移一层"（置于顶层）或"浮于文字上方"选项。

（2）下移一层：给对象分层时，把所选对象移动到下一层中；单击"下移一层"右侧的下拉按钮，选择"下移一层"（置于底层）或"衬于文字下方"选项。

（3）对齐：允许所选对象互相对齐。

（4）组合：允许组合和取消组合所选对象，对象组合后可以作为一个整体移动。

（5）旋转：允许选择一个预设项（而不使用旋转手柄）来旋转或反转所选对象。

3.8　表格设置

表格的设置是文字处理软件中一项重要的内容,使用 Word 可以创建样式美观的表格。在 Word 中,表格的设置主要在"插入"选项卡中完成。

3.8.1　创建表格

创建表格的方法有以下 3 种。

1. 使用快速表格创建表格

在要插入表格的位置单击,以定位插入点,切换到"插入"选项卡,单击"表格"按钮,在弹出的下拉列表中将鼠标指针指向快速表格,通过拖曳鼠标定义表格的行数和列数。

2. 使用"插入表格"对话框创建表格

单击"插入"选项卡的"表格"组中的"表格"按钮,在弹出的下拉列表中选择"插入表格"选项,弹出图 3-29 所示"插入表格"对话框。在"插入表格"对话框中指定"行数"和"列数",在"'自动调整'操作"选项组中选择"固定列宽""根据内容调整表格""根据窗口调整表格"选项。如果想让 Word 把用户设置的尺寸设置为默认值,需要勾选"为新表格记忆此尺寸"复选框。

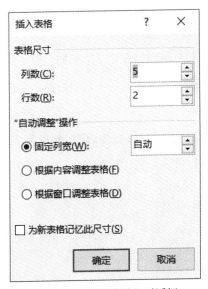

图 3-29　"插入表格"对话框

3. 使用"绘制表格"功能创建表格

单击"插入"选项卡的"表格"组中的"表格"按钮,在弹出的下拉列表中选择"绘制表格"选项,拖曳鼠标绘制出表格的外框。

3.8.2　编辑表格

与 Word 中的文本一样，编辑表格时也需要先选择表格。选择表格后，就可以对其进行复制、粘贴、剪切、移动和删除等操作。

1. 复制粘贴表格内容

使用"复制"和"粘贴"功能可以复制粘贴表格中的内容。与常规的文本操作相同，单击"开始"选项卡的"剪贴板"组中的"复制""粘贴"按钮，或按<Ctrl+C>组合键和<Ctrl+V>组合键复制粘贴表格中的内容。

将部分或全部表格内容复制到另一个表格中，必须满足表格的尺寸要求。有时将一个表格的内容粘贴到另一个表格时，整个表格的内容会粘贴到一个单元格中，而不是按行与列粘贴。一般来说，粘贴表格内容时，接收表格内容的表格的尺寸应该与原表格的尺寸相同。

2. 移动和复制列

要移动表格中一个和多个相邻的列时，可以选择这些列，然后将其拖曳到目标列。在目标列的任意位置释放鼠标左键后，所选列会移动到目标列的位置，而目标列会相应地右移。如果要将一个或多个选择的列移动到最右侧的列的右边，则需将所选列拖曳到表格右边缘的外侧。

如果要复制一列或多列，则需要在放置列时按住<Ctrl>键，所选列会按照与移动列相同的规则插入目标位置。

3. 移动和复制行

移动和复制行的方式与移动和复制列的方式基本相同，但是最后一行例外。因为最后一行的后面没有单元格标记。如果将所选行放置在最后一行的后面，所选行将附加在表格后，此时其格式可能会发生变化。

解决的方法是：将需要的行移动到最后一行的后面，然后将插入点置于最后一行的任意位置，按<Alt+Shift+↑>组合键，将最后一行移动到需要的位置。

3.8.3　修改表格布局

表格的修改包括删除表格的内容，删除行、列或单元格，插入行、列或单元格，合并单元格，以及拆分单元格等。

1. 删除表格内容

如果要删除表格中的内容，可以选择内容，然后按<Delete>键将表格中的内容删除，而不删除表格。

2. 删除行、列或单元格

如果要删除某行、某列或某单元格，只需将插入点定位到要删除的行、列或单元格中，单击"表格工具" > "布局" 选项卡的 "行和列" 组中的 "删除" 按钮, 在弹出的下拉列表中选择所需选项。

选择 "删除行" "删除列" 选项可以直接删除对应的行或列。选择 "删除单元格" 选项, 会弹出图 3-30 所示对话框, 此时可以选择相应的选项来调整删除单元格后的表格效果。

图 3-30　"删除单元格" 对话框

3. 插入行、列和单元格

要在表格中插入行、列和单元格, 可以使用以下 3 种方法。

(1) 单击插入位置相邻的行或列, 然后在 "表格工具" > "布局" 选项卡的 "行和列" 组中单击 "在上方插入" "在下方插入" "在左侧插入" "在右侧插入" 按钮。

(2) 通过插入按钮添加行或列。

移动鼠标指针到需要添加行的水平线左侧, 会出现⊕按钮, 单击该按钮可添加行。移动鼠标指针到需要添加列顶部的垂直线上, 会出现⊕按钮, 单击该按钮可添加列。

(3) 将插入点定位到需要添加行或列的表格中, 单击鼠标右键, 在弹出的快捷菜单中选择 "插入" 命令, 打开其子菜单, 从中选择合适的添加行、列和单元格命令。

4. 合并单元格

在 Word 表格中, 使用 "合并单元格" 功能可以将两个或两个以上的单元格合并成一个单元格, 从而制作出多种形式、多种功能的表格。合并单元格的方法有以下两种。

(1) 选择需要合并的单元格, 单击 "表格工具" > "布局" 选项卡的 "合并" 组中的 "合并单元格" 按钮, 即可将选择的单元合并为一个单元格。

(2) 选择需要合并的单元格, 单击鼠标右键, 在弹出的快捷菜单中选择 "合并单元格" 命令, 即可将选择的单元格合并为一个单元格。

5. 拆分单元格

在 Word 表格中, 使用 "拆分单元格" 功能可以将一个单元格拆分成两个或多个单元格。拆分单元格后可以制作出比较复杂的多功能表格, 拆分单元格的方法有以下两种。

(1) 选择要拆分的单元格, 单击 "表格工具" > "布局" 选项卡的 "合并" 组中的 "拆分单元格" 按钮, 弹出 "拆分单元格" 对话框, 在其中设置 "行数" 和 "列数", 如图 3-31 所示。最后单击 "确定" 按钮, 拆分单元格。

图 3-31 "拆分单元格"对话框

（2）在需要拆分的单元格中单击鼠标右键，在弹出的快捷菜单中选择"拆分单元格"命令，同样可以打开"拆分单元格"对话框，在其中设置"行数"和"列数"。

3.8.4 设置表格的排序方式

Word 提供了一种灵活的方法，可让用户快速排列表格中的数据。下面以将图 3-32 所示表格按"数量"排序为例介绍为表格排序的方法，其具体操作过程下。

设备名	单价	数量
Sony 相机	4230	8
Benq 扫描仪	680	12
HP 打印机	1420	6
Netac MP4	660	12
Star CDR	490	20

图 3-32 待排序的表格

选择需要排序的表格，然后单击"表格工具">"布局"选项卡的"数据"组中的"排序"按钮，弹出图 3-33 所示"排序"对话框，在"主要关键字"下拉列表中选择"数量"，选择"降序"选项和"有标题行"选项。单击"确定"按钮，表格内容将按"数量"降序排列。

图 3-33 "排序"对话框

在 Word 中，最多可以指定 3 个关键字进行排序。如果要取消排序，则可以按<Ctrl+Z>组合键取消排序操作。

3.9　页面和打印设置

页面设置包括页眉和页脚设置、插入页码、样式和目录设置及打印设置等。

3.9.1　页眉和页脚设置

在"页面视图"下，页眉和页脚中的文字通常在文档的顶部或底部，且显示为灰色。双击这些区域，可以对其中的内容进行编辑。

1. 插入页眉和页脚

Word 提供了许多不同的工具，用来显示与编辑页眉和页脚。

分别单击"插入"选项卡的"页眉和页脚"组中的"页眉"和"页脚"按钮，创建页眉和页脚。单击这两个按钮，会显示系统预设的页眉或页脚库，在其中找到需要的页眉或页脚样式后单击，可将其插入文档中。

激活页眉或页脚区域后，主要的编辑工具位于"页眉和页脚工具">"设计"选项卡中。在文档中双击页眉或页脚区域，也可以显示"页眉和页脚工具">"设计"选项卡。

单击"页眉和页脚工具">"设计"选项卡的"导航"组中的"转至页眉"和"转至页脚"按钮，可在页眉和页脚区域之间快速切换。

2. 编辑页眉和页脚

插入页眉和页脚后，会显示"页眉和页脚工具">"设计"选项卡，在其中可以为页眉和页脚设置预设样式，也可以对页眉和页脚进行编辑。

（1）链接到前一条页眉

文档中不同的节可以包含不同的页眉和页脚。当为指定的页眉或页脚设置了"链接到前一条页眉"时，该页眉或页脚会与前一节的相同。默认情况下，在文档中添加一个新节时，新节会沿用前一节的页眉和页脚。

要取消当前页眉或页脚与前一节的页眉或页脚的链接，可以单击"页眉和页脚工具">"设计"选项卡的"导航"组中的"链接到前一条页眉"按钮。

任何节的页眉和页脚都有单独的"链接到前一条页眉"设置，对于所有新创建的节，"链接到前一条页眉"一开始都是设置好的。当对某个页眉取消了链接时，对应的页脚仍继续链接到前一个页脚，这样可以更好地控制文档信息的显示方式。

（2）首页不同

大多数正式报告和许多正式文档都不在首页显示页码。为使用户不必在这类文档中创建多个节，Word 允许首页与其他页不同。若要对特定的节启用这个设置，先打开该节的页眉或页脚，然后在"页眉和页脚工具">"设计"选项卡的"选项"组中勾选"首页不同"复选框。勾选"首页不同"复选框后，可以对首页的页眉或页脚进行单独的修改。

（3）奇偶页不同

不使用分节符，也可以让文档在奇偶页具有不同的页眉和页脚，出版物的排版中经常会用到该功能，可以在"页眉和页脚工具">"设计"选项卡的"选项"组中勾选"奇偶页不同"复选框启用这个功能。与"首页不同"相同，它也用于设置某节中的页眉和页脚，而不是对所有页眉和页脚进行设置。

（4）显示文档文字

"显示文档文字"复选框默认是勾选的。要隐藏文档文字，需在"页眉和页脚工具">"设计"选项卡的"选项"组中取消勾选"显示文档文字"复选框。

3.9.2 插入页码

要在现有的页眉或页脚中添加页码，具体的操作过程如下。

单击"插入"选项卡的"页眉和页脚"组中的"页码"按钮，弹出下拉列表，从中选择页码的添加位置。可以将页码添加到页面顶端、页面底端、页边距中间及插入点所在位置。当预设的页码格式中没有需要的页码格式时，可以选择"设置页码格式"选项，在弹出的"页码格式"对话框中设置页码格式，如图 3-34 所示。设置完成后，单击"确定"按钮，可以应用设置好的页码格式。

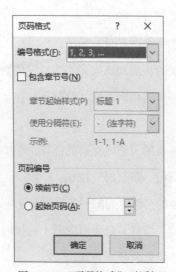

图 3-34 "页码格式"对话框

当添加页码后，如果对当前页码的格式不满意，可以单击"插入"选项卡的"页眉和页脚"组中的"页码"按钮，在弹出的下拉列表中选择"删除页码"选项，将添加的页码删除，然后重新设置页码格式。

3.9.3　样式和目录设置

样式是字体、字号和缩进等格式的组合。在 Word 中，创建和应用样式可以提高文档的排版效率。Word 能查找标题并将其用于构建目录，同时可以在用户更改标题文本、序列或级别的时候更新目录。

1．创建样式

Word 中的样式可以分为内置样式和自定义样式，内置样式位于"开始"选项卡的"样式"组中。用户创建的自定义样式也会显示在该组中。而 Word 提供的内置样式，如标题 1、标题 2、正文等是自动生成目录的基础。一般情况下，每个新建的样式都基于已有的样式，所以应从类似新样式的样式开始创建新样式。

创建新样式的具体操作过程如下。

选择需要设置新样式的文本内容。单击"样式"组右下角的▽（其他）按钮，在弹出的下拉列表中选择"创建样式"选项，弹出"根据格式化创建新样式"对话框，如图 3-35 所示。

图 3-35　"根据格式化创建新样式"对话框

在"名称"文本框中输入样式名称，根据需要对样式进行进一步的调整。单击"修改"按钮，打开修改样式的扩展面板，在其中更改段落或字符样式。勾选"添加到样式库"复选框，单击"确定"按钮，即可在样式库中看到新添加的样式。

2．生成目录

在 Word 中，如果合理地使用了内置的标题样式或创建了基于内置标题的样式，则可以方便地自动生成目录，具体操作过程如下。

（1）创建基于内置标题的样式，如果使用的是内置的标题样式，则可以忽略本步骤。

（2）在文档的各标题处，按标题级别为它们应用不同的标题样式，如图 3-36 所示。

第 1 章　初识中文版 Office 2016（标题 1）
1.1 初识 Office 2016 应用程序（标题 2）
1.1.1 Word（标题 3）
1.1.2 Excel（标题 3）
1.1.3 PowerPoint（标题 3）
1.2 安装与卸载 Office 2016（标题 2）
1.2.1 安装 Office 2016（标题 3）
1.2.2 添加和删除 Office 2016 组件（标题 3）
1.2.3 卸载 Office 2016 （标题 3）
1.3 获取 Office 2016 的帮助（标题 2）

图 3-36　标题样式示例

（3）在需要插入目录的位置单击，单击“引用”选项卡的“目录”组中的“目录”按钮，可以在弹出的下拉列表中选择“手动目录”或“自动目录”两种创建目录的方式，还可以选择预设的目录样式。这里选择“自动目录”选项，结果如图 3-37 所示。

目录
第 1 章 初识中文版 Office 2016..1
1.1 初识 Office 2016 应用程序..1
1.1.1 Word..1
1.1.2 Excel..1
1.1.3 PowerPoint..1
1.2 安装与卸载 Office 2016..1
1.2.1 安装 Office 2016..1
1.2.2 添加和删除 Office 2016 组件..1
1.2.3 卸载 Office 2016..1
1.3 获取 Office 2016 的帮助..1

图 3-37　目录示例

对已经生成的目录可以进行下列操作。

（1）在目录中，如果按住<Ctrl>键并单击，则插入点会定位到正文的相应位置。

（2）如果正文中的内容有修改，需要更新目录，则可以使用鼠标右键单击目录，在弹出的快捷菜单中选择“更新域”命令，然后根据提示进行更新。

3.9.4　打印设置

打印文件之前要先设置页面，前面的章节中已经介绍了页面的基本设置方法，下面就不重复介绍了，主要介绍如何设置打印参数。

1．打印预览

利用 Word 的“打印预览”功能，可以在正式打印之前看到文档的打印效果，如果对打印效果不满意，则可以对文档进行修改。

与“页面视图”相比，“打印预览视图”可以更真实地显示文档外观。选择“文件”>“打印”命令，在打开的“打印”界面右侧可以查看 Word 文档的打印预览效果，用户可以通过该预览区域查看纸张方向、页面边距等的设置效果。用户还可以拖曳预览区域下面的滑块改变“打印预览视图”的大小。

2. 打印输出

选择"文件">"打印"命令，即可打开"打印"界面，如图 3-38 所示。

图 3-38　"打印"界面

（1）在"份数"微调框中输入要打印的份数，系统默认为 1。

（2）在"打印"界面的"打印机"下拉列表中选择要使用的打印机，一般使用默认打印机。

（3）在"设置"选项组中选择打印范围，有"打印所有页""打印所选内容""打印当前页面""自定义打印范围"选项可选择。

（4）在"页数"文本框中输入要打印的准确页码（如果要打印某一页，则直接输入该页页码；如果要打印连续的几页，则在起始页码与末尾页码之间添加连字符"–"；如果要打印不连续的几页，则在页码之间添加逗号）。

（5）还可以设置打印方向、纸型、边距等内容。最后单击"打印"按钮，开始打印文档。

3.10　上机实践

3.10.1　上机实践 1

书娟是海明公司的文秘，她的主要工作是管理各种档案、为总经理起草各种文件。新年将至，公司决定于 2 月 5 日下午 2:00 在中关村海龙大厦五楼的多功能厅举办一个联谊会，重要客人名录保存在名为"重要客户名录.docx"的 Word 文档中，公司联系电话为 010－66668888。请根据上述内容制作请柬，具体要求如下。

（1）制作一份请柬，以董事长王海龙的名义发出邀请，请柬中需要包含标题、收件人名称、联谊会时间、联谊会地点和邀请人。

（2）对请柬进行适当的排版，具体要求如下：改变字体、加大字号，标题部分（"请柬"）与正文部分（以"尊敬的×××"开头）采用不同的字体和字号；加大行间距和段间距；改变必要段落的对齐方式，适当设置左右及首行缩进，以美观且符合人们的阅读习惯为准。

（3）在请柬的左下角插入一张图片（图片自选），调整其大小及位置，要求既不影响文字的排列，又不遮挡文字内容。

（4）进行页面设置，加大文档的上边距；为文档添加页眉，要求页眉内容包含公司的联系电话。

（5）运用"邮件合并"功能制作内容相同、收件人不同（收件人为"重要客户名录.docx"中的每个人）的多份请柬，要求先将合并主文档以"Word.docx"为名保存，将可以单独编辑的文档保存为"请柬.docx"文件。

操作提示："重要客户名录.docx"文档的内容如下。

姓名	职务	单位
王选	董事长	方正公司
李鹏	总经理	同方公司
江汉民	财务总监	万邦达公司

3.10.2　上机实践 2

打开文档"Word.docx"（文档内容见操作提示 1），按照要求完成下列操作并保存文档。

按照参考样式图（见操作提示 2）完成文档的设置和制作。

（1）设置页边距为上下左右各 2.7 厘米，装订线在左侧；为文档设置文字水印页面背景，水印文字为"中国互联网信息中心"，水印版式为斜式。

（2）设置第一段文字"中国网民规模达 5.64 亿"为标题；设置第二段文字"互联网普及率为42.1%"为副标题；改变段间距和行间距（间距单位为行），使用"独特"样式修饰页面；在页面顶端插入"边线型提要栏"文本框，将第三段文字"中国经济网北京 1 月 15 日讯中国互联网信息中心今日发布《第 31 次中国互联网络发展状况统计报告》（以下简称《报告》）。"移入文本框内，设置字体、字号、颜色等；在该文本的最前面插入类别为"文档信息"、名称为"新闻提要"的域。

（3）设置第 4~6 段文本，要求首行缩进 2 个字符。将第 4~6 段段首的《报告》显示"和"《报告》表示"设置为斜体、加粗、红色、双下画线样式。

（4）将文档"附：统计数据"后面的内容转换成 2 列 9 行的表格，为表格设置样式；将表格中的数据转换成簇状柱形图并插入文档中"附：统计数据"的前面，保存文档。

操作提示 1："Word.docx"文档的内容如下。

中国网民规模达 5.64 亿

互联网普及率为 42.1%

中国经济网北京 1 月 15 日讯中国互联网信息中心今日发布《第 31 次中国互联网络发展状况统计报告》（以下简称《报告》）。

《报告》显示，截至 2012 年 12 月底，我国网民规模达 5.64 亿，全年共计新增网民 5090 万人。互联网普及率为 42.1%，较 2011 年底提升了 3.8 个百分点，普及率的增长幅度相比 2011 年继续减小。

《报告》显示，未来网民的增长动力将主要来自受自身生活习惯（没时间上网）和硬件条件（没有上网设备、当地无法联网）限制的非网民（潜在网民）。而未来没有上网意向的非网民，多是因为不懂计算机和网络，以及年龄太大。要让这类人走向网络，不仅需要借助单纯的基础设施建设、费用下调等手段，而且需要让互联网应用形式创新化、针对目标人群有更为细致的服务模式、网络世界与线下生活更密切地结合，以及让上网硬件设备智能化和易操作化。

《报告》表示，去年，我国政府针对这些技术的研发和应用制定了一系列政策方针：2 月我国 IPv6 发展路线和时间表确定；3 月中华人民共和国工业和信息化部组织召开宽带普及提速动员会议，提出"宽带中国"战略；5 月《通信业"十二五"发展规划》发布，针对我国宽带普及、物联网和云计算等新型服务业态制定了未来的发展目标和规划。这些政策方针加快了我国新技术的应用步伐，将推动互联网的持续创新。

附：统计数据

年份	上网人数（单位：万）
2005 年	11100
2006 年	13700
2007 年	21000
2008 年	29800
2009 年	38400
2010 年	45730
2011 年	51310
2012 年	56400

操作提示 2：参考样式如图 3-39 所示。

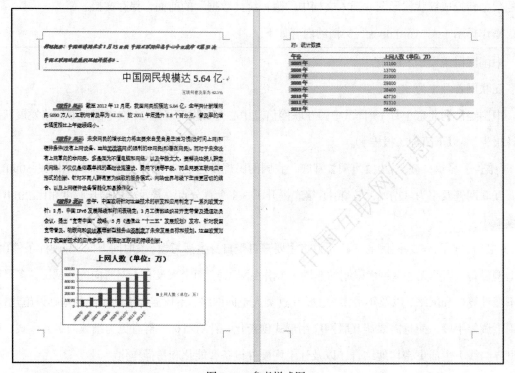

图 3-39　参考样式图

第4章
电子表格软件 Excel 2016

Excel 是 Microsoft Office 办公套件中的重要应用程序之一，也是使用最为广泛的电子表格应用程序之一。虽然存在其他电子表格应用程序，但到目前为止，Excel 是最流行的，而且多年以来已经成为该领域的标准。Excel 2016 集电子表格、图表、数据库管理于一体，支持文本和图形的编辑，具有功能丰富、用户界面友好等特点。

　　本章主要内容包括 Excel 2016 窗口知识，工作表数据知识，编辑与格式化工作表的方法、公式与函数的使用，数据库操作的方法，以及工作表的打印方法。

4.1　Excel 2016 窗口

1. Excel 2016 窗口

Excel 2016 窗口主要由标题栏、快速访问工具栏、功能区、数据编辑栏等部分组成，如图4-1 所示。

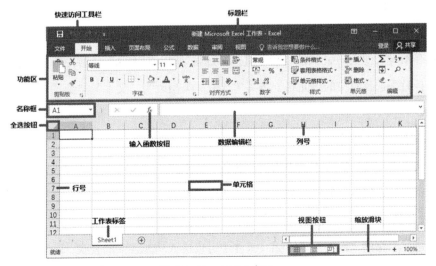

图 4-1　Excel 2016 窗口

2. 工作簿和工作表

Excel 使用工作簿完成工作，需要多少个工作簿，就可以创建多少个工作簿。工作簿有单独的窗口。默认情况下，Excel 工作簿以.xlsx 为扩展名。

每个工作簿都包含一个或多个工作表（最多包含 255 个工作表），单击工作表标签可在不同工作表之间进行切换；双击工作表标签可重命名工作表；在工作表标签上单击鼠标右键可实现工作表的插入、删除和重命名等操作。

每个工作表由若干行（最多包含 1048576 行，行号为 1, 2, 3…1048576）和若干列（最多包含 16384 列，列号为 A, B, C, …, Z, AA, AB, …, XFD）组成，工作表中的格子称为单元格。工作表中有一个不可见的绘制层，用于保存图表、图像或图示。每个工作簿窗口的底部有一个或多个工作表标签，单击工作表标签可访问对应的工作表。另外，工作簿中还可以存储图表工作表（Chart Sheet），一个图表工作表中只显示一个图表，并且通过单击工作表标签对其进行访问。

4.2 工作表数据

Excel 2016 的工作表中可以包含各种类型数据，不同类型数据的输入方式有所不同。

4.2.1 数据类型

Excel 的工作簿中可以包含若干个（不超过 255 个）工作表，而每个工作表都由超过 170 亿个单元格组成，每个单元格又可以包含数值、文本和公式 3 种基本的类型数据。

1. 数值

Excel 可以用多种不同的格式显示数值。数值代表某种类型的量，如销量、学生数、原子量、分数等，数值也可以是日期或时间。

在 Excel 中数值可以精确到 15 位，在输入信用卡号时，15 位的精确度会出现问题，大多数信用卡号都有 16 位，但 Excel 只能处理 15 位的数值，所以将用"0"代替最后一位信用卡号。要解决此问题，只需选择对应的单元格，将其"数值"类型改为"文本"类型。

2. 文本

多数工作表的单元格中还会包含文本，插入的文本可以作为数值的标签、列标题或者对工作表的说明。文本常用于说明工作表中数值的含义或者来源。

需要注意的是，以数字开头的文本仍可被认作文本。

3. 公式

公式是电子表格的"灵魂"，用户在 Excel 中可以输入功能强大的公式，以计算出单元格中数值或文本的结果。在单元格中输入公式时，公式的计算结果会出现在该单元格中。如果修改了公式中的任何值，那么公式会重新计算并显示新的结果。

公式可以是简单的数学表达式，也可以是 Excel 内置的功能强大的函数。

4.2.2　数据的输入方法

使用下面的方法，可以方便地在 Excel 工作表中输入数据，提高工作效率。

1．用导航键代替 Enter 键

当完成单元格中的输入后，可以不用按<Enter>键，改为按导航键确认输入，所按的导航键决定了单元格中光标的移动方向。例如，在一行中完成数据的输入后，按→键而不按<Enter>键。其他方向键的作用类似，甚至还可以按<PageUp>键和<PageDown>键。

2．在输入数据前选择一个单元格区域

当选择一个单元格区域并按<Enter>键后，Excel 会自动将单元格中的光标移动到该区域的下一个单元格中。如果选定区域中包含多行，Excel 会沿列向下移动，当到达选定区域中该列的最后一个单元格时，光标会移动到下一列的第一个单元格。

要跳过一个单元格，可按<Enter>键而不输入任何内容；要返回上一个单元格，则按<Shift+Enter>组合键。如果喜欢按行输入数据，则需要按<Tab>键而不是<Enter>键。除非选择了选定区域外的某个单元格，否则 Excel 会在该单元格区域内不断循环。

3．在多个单元格中同时输入数据

如果需要将相同的数据输入多个单元格中，可利用 Excel 提供的一种快捷方式。选择想要输入数据的所有单元格，输入数值、文本或公式，然后按<Ctrl+Enter>组合键，同样的数据将被输入选定区域中的每个单元格内。

4．自动输入小数点

如果需要输入许多具有固定小数位数的数据，需要选择"文件" > "选项"命令，打开"Excel 选项"对话框，选择"高级"选项，在右侧的"编辑选项"选项组中勾选"自动插入小数点"复选框，并在"位数"微调框中为准备输入的数据设置正确的小数位数。设置完成后，Excel 会自动为数据添加小数点。

5．使用"自动填充"功能输入一系列值

使用"自动填充"功能可以方便地在一个单元格区域中输入一系列值或文本。这里会用到填充柄（活动单元格右下角的小方块），可拖曳填充柄完成自动填充，如图 4-2 所示。

图 4-2 "自动填充"功能

按住鼠标右键拖曳填充柄，释放鼠标右键后 Excel 会弹出一个快捷菜单，其中包含了更多的填充命令，根据需要选择合适的即可。

4.3 编辑和格式化工作表

工作表的基本操作包括编辑工作表和格式化工作表。

4.3.1 编辑工作表

编辑工作表包括单元格操作和工作表操作。

1. 单元格操作

（1）修改单元格内容

单击需要修改内容的单元格，输入新数据，输入的新数据将覆盖单元格中原来的数据。如果只需修改单元格中的部分数据，则可双击该单元格，然后进行修改。也可以将鼠标指针移至数据编辑栏中，在需要修改的地方单击，对单元格中的内容进行修改。

（2）清除单元格内容

选定要清除内容的单元格或单元格区域后，按<Delete>键即可清除。如果要清除单元格或单元格区域中的格式或批注，则应先选定单元格或单元格区域，然后在"开始"选项卡中，单击"编辑"组中的"清除"按钮，根据需要再选择相应的选项。

（3）插入单元格

在"开始"选项卡中，单击"单元格"组中的"插入"按钮可以插入一个或多个单元格、整行或整列。如果将单元格插入已有数据的单元格中间，则会让其他单元格下移或右移。

（4）删除单元格

选定需要删除的单元格、行或列，在"开始"选项卡中，单击"单元格"组中的"删除"按钮，在弹出的"删除"下拉列表中根据需要选择相应的选项。当删除一行时，所删除行下面的行将向上移；当删除一列时，所删除列右边的列将向左移。

删除命令与清除命令不同，清除命令只能移走单元格中的内容，而删除命令将同时移走单元格中的内容与单元格。删除行或列后，Excel 会将其余的行或列按顺序重新编号。

2．工作表操作

（1）创建和删除工作表

创建工作表的方法有以下两种。

①在工作簿中的工作表下方单击 ⊕（新工作表）按钮，新建另一个名称为"Sheet2"的工作表，如图 4-3 所示。如果需要创建多个工作表，可以多次单击 ⊕（新工作表）按钮。

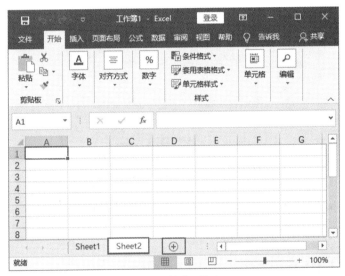

图 4-3　创建工作表

②在工作表的名称上单击鼠标右键，在弹出的快捷菜单中选择"插入"命令，弹出"插入"对话框，从中选择要插入的常规文件，这里选择"工作表"，选择之后即可插入工作表。

此外，在新建的工作簿中按<Ctrl+N>组合键，可以新建另一个工作簿，且该工作簿中默认有"Sheet1"工作表。该方法相当于新建工作簿，用户可以根据具体情况使用不同的方法。

删除工作表的方法如下。

单击工作簿中的工作表标签，选定要删除的工作表，单击"开始"＞"单元格"＞"删除"按钮，在弹出的下拉列表中选择"删除工作表"选项，即可将当前工作表删除。

删除工作表也可以通过单击鼠标右键，在弹出的快捷菜单中实现。

（2）移动和复制工作表

通过拖曳鼠标或快捷菜单这两种方法可以移动或复制工作表。

①单击要移动的工作表的标签并拖曳鼠标，其标签上方将出现一个黑色小三角形以指示移动的位置，当黑色小三角形出现在指定位置时，释放鼠标就完成了工作表的移动操作。如需复制工作表，则应在拖曳的同时按住<Ctrl>键，此时黑色小三角形的右侧会出现一个"+"号，表示将复制该工作表。此方法适用于在同一个工作簿中移动并复制工作表。

②在要复制或移动的工作表的标签上单击鼠标右键，在弹出的快捷菜单中选择"移动或复制"命令。在弹出的图 4-4 所示对话框中选择目的工作簿和插入位置，如移动到某个工作表之前或最后。单击"确定"按钮，即可完成不同工作簿间工作表的移动操作。

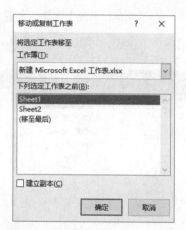

图 4-4　"移动或复制工作表"对话框

若勾选"建立副本"复选框，则会同时进行复制操作。此方法适用于在不同工作簿间移动或复制工作表。

4.3.2　格式化工作表

格式化工作表包括设置单元格格式、设置行列格式、套用样式、设置条件格式等。

1. 设置单元格格式

设置单元格格式主要包括设置单元格中数据的类型、文本的对齐方式、字体、单元格的边框、图案及保护单元格等。

选择单元格或单元格区域后，单击"开始"＞"单元格"＞"格式"按钮，在弹出的"格式"下拉列表中选择"设置单元格格式"选项，弹出"设置单元格格式"对话框，如图 4-5 所示。在此对话框中可进行单元格的格式化操作。"设置单元格格式"对话框中各选项卡的功能如下。

"数字"选项卡中的"分类"列表框可用于设置单元格中数据的类型。

在"对齐"选项卡中可以设置文本的对齐方式、合并单元格、单元格数据的自动换行等。Excel默认的文本对齐方式是左对齐，而数字、日期和时间的对齐方式是右对齐，更改对齐方式并不会改变数据类型。

图 4-5　"设置单元格格式"对话框

在"字体"选项卡中可对单元格中数据的字体、字形和字号进行设置，操作方法与 Word 中的操作方法相同。需要注意的是，应先选中目标单元格中的数据，再进行设置。

"边框"选项卡中提供的样式可为单元格添加边框，这样能够使打印出的工作表更加直观、清晰。初始创建的工作表中没有实线，工作窗口中的格线仅仅是为方便用户查看表格数据而设置的。若要打印出具有实线的表格，则可在该选项卡中进行相应的设置。

在"填充"选项卡中可为单元格添加底纹，并可设置单元格底纹的图案。

"保护"选项卡可用于隐藏公式或锁定单元格，但该功能需要在工作表被保护时才有效。

2. 设置行列格式

设置行列格式包括设置行高和列宽、插入和删除行或列、复制和剪切行或列、隐藏和显示行或列。

上述操作都可以通过单击"开始"选项卡的"单元格"组中的"插入""删除""格式"按钮实现，也可以通过快捷菜单实现。

下面以删除行或列为例进行说明。

①选中需处理的行（列），或该行（列）中的某个单元格。

②单击"开始"选项卡中的"单元格">"删除"按钮，在下拉列表中选择"删除工作表行（列）"选项。

3. 套用样式

Excel 内置了很多格式化的单元格样式和表格样式供用户直接套用。

（1）套用单元格样式

选中需要设置样式的单元格，单击"开始"选项卡中的"样式">"单元格样式"按钮，在下拉列表中选择所需样式即可，如图 4-6 所示。也可以选择"新建单元格样式"选项，新建一种单元格样式。用鼠标右键单击某一个样式即可对该样式进行修改或删除。如果要清除单元格样式，则可单击"开始"选项卡中的"编辑">"清除"按钮，在下拉列表中选择"清除格式"选项。

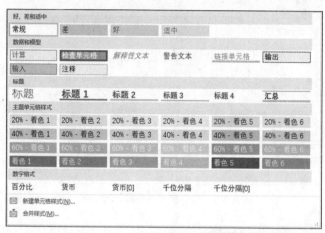

图 4-6　单元格样式列表

（2）套用表格样式

选中需要设置样式的表格或表格内的某个单元格，单击"开始"选项卡中的"样式">"套用表格格式"按钮，在下拉列表中选择所需样式，再确定设置区域即可。也可以选择"新建表格样式"选项，新建一种表格的样式。用鼠标右键单击某一个自定义样式即可对该样式进行修改或删除。若需要清除单元格样式，则可单击"开始"选项卡中的"编辑">"清除"按钮，在下拉列表中选择"清除格式"选项。套用表格样式的示例如图 4-7 所示。

	A	B	C	D	E	F
1	日期	地区	产品	单价	销售量	销售总额
2	5月21	大连	红茶	38	17	646
3	5月22	大连	红茶	38	34	1292
4	5月23	大连	红茶	38	25	950
5	5月21	大连	绿茶	22	80	1760
6	5月22	大连	绿茶	22	50	1100
7	5月23	大连	绿茶	22	55	1210

图 4-7　套用表格样式的示例

4. 设置条件格式

设置条件格式后可以将符合某些条件的数据以特定格式显示。在"开始"选项卡的"样式">"条件格式"下拉列表中，可实现条件格式的设置、建立、清除和管理等操作，如图 4-8 所示。

图 4-8　"条件格式"下拉列表

（1）内置快速条件规则

Excel 内置了一些条件格式，用户可直接使用，主要有以下 5 类。

①突出显示单元格规则。可对数据值满足大于、小于、介于、等于、文本包含、发生日期、重复值等条件的单元格进行格式设置。

②最前/最后规则。可对数据值满足最大若干项、最小若干项，高于或低于平均值等条件的单元格进行格式设置。

③数据条。用彩色数据条的长度表示单元格中数据值的大小，数据条越长，对应的数据值越大。

④色阶。在一个单元格区域中显示双色渐变或三色渐变时，颜色的深浅表示单元格中值的大小。

⑤图标集。在每个单元格中显示图标集中的一个图标，每个图标表示单元格中的一个值。

（2）自定义条件格式

在"开始"选项卡的"样式">"条件格式"下拉列表中选择"新建规则"选项，打开"新建格式规则"对话框，可自定义条件格式。通过如下操作过程可实现图 4-9 所示条件格式设置效果。

	A	B	C	D	E	F
1	总分排名					
2	姓名	性别	语文	数学	英语	总分
3	邱航	男	97	98	95	290
4	卓延续	男	94	97	96	287
5	潘凤	女	96	96	90	282
6	程云	女	95	94	89	278
7	刘雪	女	93	92	90	275
8	赵宗文	男	94	85	93	272
9	郭松	男	89	90	88	267
10	程晓琳	女	80	85	89	254
11	叶琳	女	78	76	78	232
12	邱浩	男	79	74	73	226

图 4-9　条件格式设置效果示例

101

选中 F3:F12 单元格区域，单击"开始"选项卡中的"样式">"条件格式"按钮，在下拉列表中选择"新建规则"选项，打开"新建格式规则"对话框；选择规则类型为"只为包含以下内容的单元格设置格式"，设置规则为"单元格值大于 280"，如图 4-10 所示。单击"格式"按钮，打开"设置单元格格式"对话框；在"填充"选项卡中选择"绿色"，单击"确定"按钮，回到"新建格式规则"对话框，完成"总分大于 280 的单元格背景色为绿色"的条件格式设置。

图 4-10　设置条件格式

再次单击"开始"选项卡中的"样式">"条件格式"按钮，在下拉列表中选择"新建规则"选项，打开"新建格式规则"对话框，设置"总分介于 260 到 280 之间的单元格背景色为黄色"的条件格式。同理，设置"总分小于 260 的单元格背景色为红色"的条件格式。

4.4　公式和函数

公式是一个等式，是一个由数值、单元格的引用（名称）、运算符、函数等组成的序列。利用公式可以根据已有的数值计算出一个新值，当公式中引用的单元格中的值改变时，由公式计算出的值也将随之改变。公式是电子表格的核心，也是 Excel 的主要特色之一。Excel 2016 提供了大量丰富的函数供用户使用。

4.4.1　公式

在单元格中输入公式要以"="开始，输入完成后按<Enter>键确认，也可以按<Esc>键取消公式的输入。Excel 将公式显示在数据编辑栏中，而在包含该公式的单元格中显示计算结果。

Excel 公式中的运算符有引用运算符、算术运算符、文本运算符和关系运算符 4 类，如表 4-1 所示。各运算符的优先级别从高到低依次为引用运算符、算术运算符、文本运算符、关系运算符。

表 4-1　Excel 公式中的运算符

运算符类型	表示形式	实例
引用运算符	：、、!、,	Sheet2!B5 表示工作表 Sheet2 中的 B5 单元格
算术运算符	+、−、*、/、%、^	3^4 表示 3 的 4 次方，结果为 81
文本运算符	&	"North" & "west" 的结果为 "Northwest"
关系运算符	=、>、<、>=、<=、<>	2>=3 的结果为 False

下面用一个例子说明公式的输入过程，如图 4-11 所示。

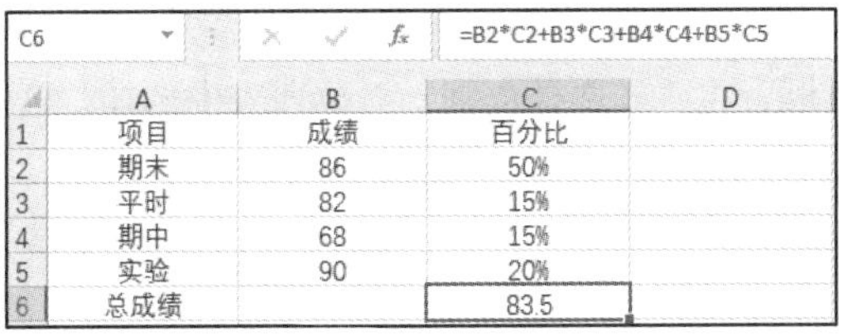

图 4-11　公式示例

①参照图 4-11 输入项目、成绩和百分比等。

②在 C6 单元格中输入计算总成绩的公式 "=B2*C2+B3*C3+B4*C4+B5*C5"，按<Enter>键确认。

尽管可以通过手动输入的方式输入整个公式，但是使用另一种方法会更加便捷，且不容易出错。这种方法仍然需要手动输入一部分内容，但是可以通过指定单元格来输入它们的名称，而不用手动输入它们的名称。与上述方法相同的是同样需要在计算结果对应的单元格中输入 "="，然后单击需要计算的单元格，手动输入运算符号 "*"，再单击另一个需要计算的单元格，最后按<Enter>键。

4.4.2　函数

函数是预先定义好的公式，用于进行数学、文本、逻辑运算。Excel 提供了多种功能完备且易于使用的函数。

1. 函数的概念

函数的语法形式为：函数名(参数 1,参数 2,参数 3,…)。

例如，AVERAGE(B2:B5)、SUM(23,56,28)等都是合法的函数表达式。

函数应包含在单元格的公式中，函数名后面括号中是函数的参数，括号前后不能有空格。函数参数可以是数字、文字、逻辑值或单元格的引用，也可以是常量或公式。例如，AVERAGE(B2:B5)是求平均值函数，函数名是 AVERAGE，其参数为 B2:B5 单元格区域，该函数的功能是求 B2、B3、B4、B5 这 4 个单元格的平均值。

2. 插入函数

下面举例说明利用函数计算销售总额的方法。

①在 Excel 中输入图 4-12 所示原始数据，"销售总额"一列为空。

	A	B	C	D	E	F
1	日期	地区	产品	单价	销售量	销售总额
2	5月21	大连	红茶	38	17	
3	5月22	大连	红茶	38	34	
4	5月23	大连	红茶	38	25	
5	5月21	大连	绿茶	22	80	
6	5月22	大连	绿茶	22	50	
7	5月23	大连	绿茶	22	55	

图 4-12　输入原始数据

②选择需要计算数值的单元格 F2，单击"公式"选项卡的"函数库"组中的"插入函数"按钮，弹出"插入函数"对话框，在"或选择类别"下拉列表中选择"全部"选项，在"选择函数"列表框中选择计算乘积的函数"PRODUCT"，如图 4-13 所示。

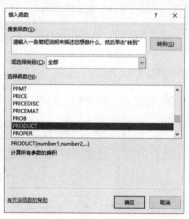

图 4-13　"插入函数"对话框

③单击"确定"按钮，在弹出的"函数参数"对话框中输入或选择需要计算的单元格，对话框的右侧会显示出所选范围内的值及计算结果，如图 4-14 所示。如果计算结果正确，则单击"确定"按钮；如果不正确，则重新调整单元格区域，直到计算结果正确为止。

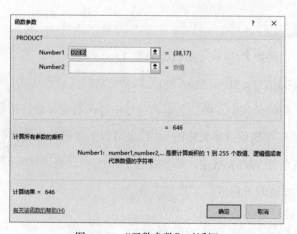

图 4-14　"函数参数"对话框

④单击"确定"按钮，即可得到计算结果。

函数的使用简化了公式，在涉及大量数据的计算时效果更明显。

3. 常用函数

为便于进行计算、统计、汇总等数据处理操作，Excel 提供了大量函数。部分常用函数如表 4-2 所示。

表 4-2 部分常用函数

类别	函数名	格式	功能	实例
数学函数	ABS	ABS(num1)	计算 num1 的绝对值	ABS(2.7)、ABS(D4)
	MOD	MOD(num1,num2)	计算 num1 和 num2 相除后的余数	MOD(20,3)、MOD(C2,3)
	SQRT	SQRT(num1)	计算 num1 的平方根	SQRT(45)、SQRT(A1)
	SUM	SUM(num1,num2,…)	计算所有参数的和	SUM(34,2,5,4.2)
	AVERAGE	AVERAGE(num1,num2,…)	计算所有参数的平均值	AVERAGE(D3:D8)
统计函数	MAX	MAX(num1,num2,…)	返回所有参数中的最大值	MAX(D3:D8)
	MIN	MIN(num1,num2,…)	返回所有参数中的最小值	MIN(34,2,5,4.2)
	COUNT	COUNT(num1,num2,…)	统计参数中数值型数据的个数	COUNT(A1:A10)
	COUNTIF	COUNTIF(num1,num2,…)	统计参数中满足给定条件的单元格的个数	COUNTIF(B1:B8,>80)
	RANK	RANK(num1,list)	返回参数 num1 在列表 list 中的排名	RANK(78,C1:C10)
日期与时间函数	TODAY		返回当前日期	TODAY()
	NOW		返回当前日期和时间	NOW()
	YEAR	YEAR(d)	返回日期 d 的年份数	YEAR(NOW())
	MONTH	MONTH(d)	返回日期 d 的月份数	MONTH(NOW())
	DAY	DAY(d)	返回日期 d 的天数	DAY(TODAY())
	DATE	DATE(y,m,d)	返回由 y、m、d 表示的日期	DATE(2010,11,30)
逻辑函数	IF	IF(logical,num1,num2)	如果测试条件 logical 为真，则返回 num1；否则，返回 num2	IF(D3>60,80,0)
文本函数	MID	MID(text,num1,num2)	从 text 中的 num1 位置开始截取 num2 个字符	MID(A2,4,2)
	CONCATENATE	CONCATENATE(text1,text2,…)	将多个文本字符串合并成一个	CONCATENATE(A1,B2,…)
查找与引用函数	VLOOKUP	VLOOKUP(value,table,column)	在 table 中搜索 value 值，并获取 column 的值	VLOOKUP(D3,表 2,2)

4.4.3 函数的应用

Excel 2016 中的函数可以分为日期与时间函数、数学与三角函数、统计函数、查找与引用函数、文本函数、逻辑函数等，下面介绍常用的函数及它们的使用方法。

1. 日期与时间函数

（1）YEAR

格式：YEAR(serial_num)。

功能：返回以系列数表示的日期中的年份数，返回值为 1900～9999 中的整数。

示例：=YEAR("2015 年 5 月 23 日"),确认后将返回 2015 年 5 月 23 日的年份数 2015。

（2）MONTH

格式：MONTH(serial_num)。

功能：返回以系列数表示的日期中的月份数，返回值为 1～12 中的整数。

示例：=MONTH("2015 年 5 月 23 日")，确认后将返回 2015 年 5 月 23 日的月份数 5。

（3）TODAY

格式：TODAY( )。

功能：返回当前日期的系列数，系列数是 Excel 2016 用于进行日期和时间计算的"日期～时间"代码。

示例：=TODAY(),确认后将返回当前日期。

（4）DAY

格式：DAY(serial_num)。

功能：返回以系列数表示的日期的天数，返回值为 1～31 中的整数。

示例：=DAY("2015 年 5 月 23 日")，确认后将返回 2015 年 5 月 23 日的天数 23。

说明：如果是给定的日期，则需包含在英文双引号中。

（5）NOW

格式：NOW( )。

功能：返回当前日期和时间对应的系列数。

示例：=NOW()，确认后将返回系统日期和时间。

说明：如果系统日期和时间发生了改变，只需按<F9>键即可让其随之改变。

（6）HOUR

格式：HOUR(serial_num)。

功能：返回时间值的小时数，返回值为 0 (00:00 AM)～23 (11:00 PM)中的整数。

示例：=HOUR(" 3:30:30 AM ")，确认后将返回时间值的小时数 3。

（7）MINUTE

格式：MINUTE(serial_num)。

功能：返回时间值的分钟数，返回值为 0 ~ 59 中的整数。

示例：=MINUTE(" 15:30:00 ")，确认后将返回时间值的分钟数 30。

（8）DATE

格式：DATE(year,month,day)。

功能：返回代表特定日期的系列数。

示例：=DATE(2013,13,35)，确认后将返回 2014-2-4。

说明：由于在上述公式中，月份数为 13，比 2013 年的实际月数多了一个月，故顺延至 2014 年 1 月；天数为 35，比 2014 年 1 月的实际天数又多了 4 天，故又顺延至 2014 年 2 月 4 日。

（9）WEEKDAY

格式：WEEKDAY(serial_num,return_type)。

功能：返回某日期的星期数，默认情况下，返回值为 1（星期天）~ 7（星期六）之间的整数。

示例：=WEEKDAY(DATE(2016,3,6),2)，确认后将返回 7（星期日）；

=WEEKDAY(DATE(2015,8,28),2)，确认后将返回 5（星期五）。

说明：return_type 为 2 时，星期一返回 1，星期二返回 2，依次类推。

2. 数学与三角函数

（1）INT

格式：INT(num1)。

功能：将数值向下取整为最接近的整数值。

示例：=INT(18.89)，确认后的返回值为 18。

说明：在取整时，不进行四舍五入；如果输入的公式为=INT(-18.89)，则返回结果为-19。

（2）MOD

格式：MOD(num1,num2)。

功能：计算 num1 和 num2 相除后的余数。

示例：= MOD (5, -4)，确认后的返回值为-3。

说明：两个整数求余时，结果值的符号为除数的符号；如果除数为零，则函数 MOD 返回错误值#DIV/0!。

（3）SUM

格式：SUM(num1,num2,…)。

功能：计算所有参数的和。

示例：=SUM(A1,B2:C3)，确认后将对单元格 A1 及 B2:C3 单元格区域中的值进行求和。

说明：需要求和的参数个数不能超过 30 个。

（4）SUMIF

格式：SUMIF(range,criteria,sum_range)。

功能：对某个范围内符合指定条件的值进行求和。

示例：假如 A1:A36 单元格区域存放了某班学生的考试成绩，若要计算及格学生的总分，则可以使用公式“=SUMIF(A1:A36," >=60 " ,A1:A36)”实现，式中的“A1:A36”为提供逻辑判断依据的单元格引用，“>=60”为判断条件，不符合该条件的数据不参与求和。

说明：第 1 个参数 range 为条件区域，是用于进行条件判断的单元格区域；第 2 个参数 criteria 为求和条件，可确定哪些单元格将被用于求和，其可以是由数字、逻辑表达式等组成的判定条件；第 3 个参数 sum_range 为实际求和区域，为需要求和的单元格或单元格区域。若省略第 3 个参数，则条件区域就是实际求和区域。

（5）SUMIFS

格式：SUMIFS(sum_range,criteria_range, criteria,…)。

功能：对某个范围内满足多个条件的值进行求和。

示例：如图 4-15 所示，在单元格 G2 中输入一个公式并按<Enter>键，求 500 ~ 1200 的销售额的和。公式如下：

=SUMIFS(F2:F7,F2:F7,">=500",F2:F7,"<=1200")。

G2 =SUMIFS(F2:F7,F2:F7,">=500",F2:F7,"<=1200")

	A	B	C	D	E	F	G
1	日期	收货地	产品	单价	销售量	销售额	500~1200 的销售额的和
2	5月21	大连	红茶	38	17	646	2696
3	5月22	沈阳	红茶	38	34	1292	
4	5月23	大连	红茶	38	25	950	
5	5月21	大连	绿茶	22	80	1760	
6	5月22	沈阳	绿茶	22	50	1100	
7	5月23	大连	绿茶	22	55	1210	

图 4-15　求指定销售额范围内的销售总额

说明：①如果在 SUMIFS 函数中设置了多个条件，那么只对参数 sum_range 中同时满足所有条件的单元格进行求和。

②与 SUMIF 函数不同的是，SUMIFS 函数中的求和区域（sum_range）与条件区域（criteria_range）的大小和形状必须一致，否则，会产生错误的结果。

3. 统计函数

（1）AVERAGE

格式：AVERAGE (num1,num2,⋯)。

功能：求所有参数的算术平均值。

示例：=AVERAGE (A1,B2:C3)，确认后将对单元格 A1 及 B2:C3 单元格区域中的值求平均值。

说明：需要求平均值的参数个数不能超过 30 个。

（2）COUNT

格式：COUNT(num1,num2,⋯)。

功能：统计参数中数值型数据的个数。

示例：=COUNT(A1:D5)，确认后会统计 A1:D5 单元格区域中包含数值型数据的单元格个数。

说明：COUNT 函数会对“( )”内含数值型数据的参数的个数进行统计，该参数可以是单元格、单元格区域、数字、字符等；对于含数值型数据的参数，只统计其个数，不影响其具体内容。

（3）COUNTIF

格式：COUNTIF(num1,num2,⋯)。

功能：统计参数中满足给定条件的单元格的个数。

示例：=COUNTIF(B1:B13, " >=80 ")，确认后即可统计出 B1:B13 单元格区域中数值大于等于 80 的单元格个数。

说明：允许引用的单元格区域中出现空白单元格。

（4）COUNTIFS

格式：COUNTIFS(num1,num2,⋯)。

功能：统计参数中满足给定条件的单元格的个数。

示例：如图 4-16 所示，求收货地为大连的订单数。

公式为：=COUNTIFS(B2:B7,"大连")。

F2　=COUNTIFS(B2:B7,"大连")

	A	B	C	D	E	F
1	日期	收货地	产品	单价	销售量	收货地为大连的订单数
2	5月21	大连	红茶	38	17	4
3	5月22	沈阳	红茶	38	34	
4	5月23	大连	红茶	38	25	
5	5月21	大连	绿茶	22	80	
6	5月22	沈阳	绿茶	22	50	
7	5月23	大连	绿茶	22	55	

图 4-16　COUNTIFS 函数示例

说明：COUNTIFS 函数的条件参数，其可以为数字、表达式或文本；当它是文本和表达式时，注意要使用双引号将它们引起来，且双引号应在半角状态下输入。

（5）MAX

格式：MAX(num1,num2,…)。

功能：返回所有参数中的最大值。

示例：如果 A1:A5 单元格区域中包含数字 10、7、9、27 和 2，则=MAX(A1:A5,30)等于 30。

说明：参数可以是数字或者包含数字的名称、数组或单元格引用。

（6）MIN

格式：MIN(num1,num2,…)。

功能：返回所有参数中的最小值。

示例：如果 A1:A5 单元格区域中包含数字 10、7、9、27 和 2，则=MIN(A1:A5,30) 等于 2。

说明：参数可以是数字或者包含数字的名称、数组或单元格引用。

（7）RANK

格式：RANK（num1,list）。

功能：返回参数 num1 在列表 list 中的排名。

示例：=RANK(A2,$A$2:$A$24)。其中，A2 是需要确定排名的数据，$A$2:$A$24 表示数据范围。

说明：数据范围应是绝对引用的形式，在输入时需要使用$符号；否则，得到的结果可能是错误的。

4. 查找与引用函数

（1）INDEX

格式：INDEX(array,row_num,column_num)。

功能：返回列表或数组中的元素值，此元素由行号和列号的索引值确定。

示例：如图 4-17 所示，在 F1 单元格中输入公式“=INDEX(A1:D7,5,3)”，确认后即可显示出 A1:D7 单元格区域中，第 5 行和第 3 列相交处的单元格（C5）中的内容。

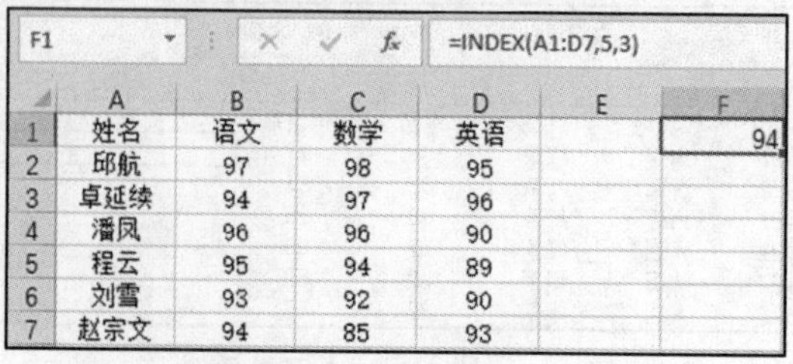
F1　=INDEX(A1:D7,5,3)

	A	B	C	D	E	F
1	姓名	语文	数学	英语		94
2	邱航	97	98	95		
3	卓延续	94	97	96		
4	潘凤	96	96	90		
5	程云	95	94	89		
6	刘雪	93	92	90		
7	赵宗文	94	85	93		

图 4-17　INDEX 函数示例

说明：此处的行号参数（row_num）和列号参数（column_num）是相对于所引用的单元格区域而言的，不是 Excel 工作表中的行号或列号。

（2）MATCH

格式：MATCH(lookup_value,lookup_array,match_type)。

功能：返回在指定方式下与指定数值匹配的数组中元素的相应位置。

示例：如图 4-18 所示，在 B9 单元格中输入公式“=MATCH(95,B2:B7,0)”，确认后则显示“4”。

说明：lookup_array 只能为一列或一行；match-type 表示查询的指定方式，1 表示查找小于或等于指定内容的最大值，而且指定区域内的值必须升序排列；0 表示查找等于指定内容的第一个数值；−1 表示查找大于或等于指定内容的最小值，而且指定区域内的值必须降序排列。

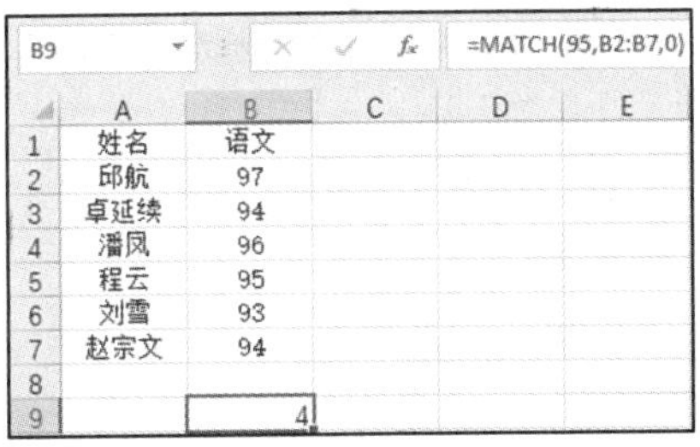
B9　=MATCH(95,B2:B7,0)

	A	B	C	D	E
1	姓名	语文			
2	邱航	97			
3	卓延续	94			
4	潘凤	96			
5	程云	95			
6	刘雪	93			
7	赵宗文	94			
8					
9		4			

图 4-18　MATCH 函数示例

（3）LOOKUP

格式：LOOKUP(lookup_value,lookup_vector,result_vector)。

功能：用于在指定范围内查询指定的值，并返回另一个范围内对应位置的值。

示例：如图 4-19 所示，在“频率”列中查找 4.19，然后返回“颜色”列中同一行内的值（橙色）。在 C2 单元格中输入“=LOOKUP(4.19,A2:A6,B2:B6)”，确认后返回“橙色”。

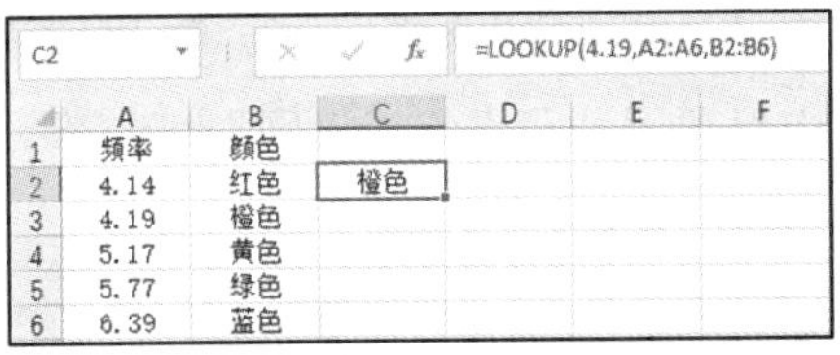
C2　=LOOKUP(4.19,A2:A6,B2:B6)

	A	B	C	D	E	F
1	频率	颜色				
2	4.14	红色	橙色			
3	4.19	橙色				
4	5.17	黄色				
5	5.77	绿色				
6	6.39	蓝色				

图 4-19　LOOKUP 函数示例

说明：①LOOKUP 函数要求查询条件升序排列，所以使用该函数之前需要对表格进行升序排列处理。

②如果 LOOKUP 函数找不到 lookup_value，则会匹配 lookup_vector 中小于或等于 lookup_value 的最大值；如果 lookup_value 小于 lookup_vector 中的最小值，则会返回#N/A 错误值。

（4）VLOOKUP

格式：VLOOKUP(lookup_value,table_array,col_index_num,range_lookup)。

功能：搜索单元格区域首列中满足条件的元素，确定待检索单元格在单元格区域中的行号，再进一步返回选定单元格的值。

示例：如图 4-20 所示，要求根据表二中的姓名，查找表一中该姓名对应的语文成绩。

公式为：=VLOOKUP(D3,$A$2:$B$8,2,0)。

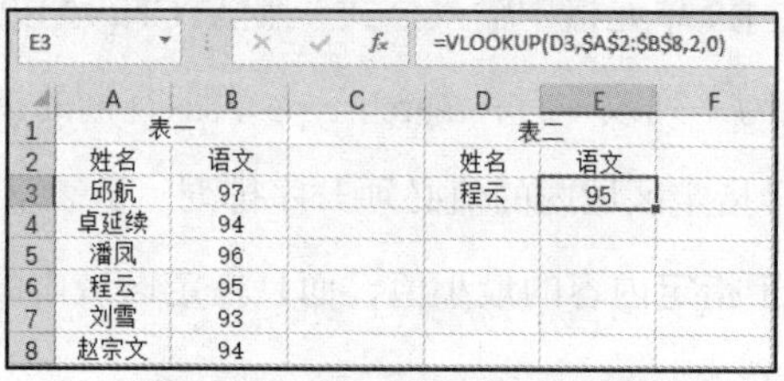

E3 =VLOOKUP(D3,$A$2:$B$8,2,0)

	A	B	C	D	E	F
1	表一			表二		
2	姓名	语文		姓名	语文	
3	邱航	97		程云	95	
4	卓延续	94				
5	潘凤	96				
6	程云	95				
7	刘雪	93				
8	赵宗文	94				

图 4-20　VLOOKUP 函数示例

说明：给定的第 2 个参数要符合以下条件才不会出错。

①查找目标一定要在该单元格区域的第一列；

②该单元格区域中一定要包含返回值所在的列。

第 3 个参数是一个整数值，它是“返回值”在第 2 个参数给定的单元格区域中的列数。最后一个参数是决定函数精确或模糊查找的关键，值为 0 或 FALSE 表示精确查找，而值为 1 或 TRUE 则表示模糊查找。注意在使用 VLOOKUP 函数时不要遗漏这个参数，如果遗漏这个参数就默认进行模糊查找，用户将无法精确地查找到结果。

5. 文本函数

（1）LEFT

格式：LEFT(text,num_chars)。

功能：从一个文本字符串的第一个字符开始返回指定个数的字符。

示例：假定 A38 单元格中保存了“我喜欢天极网”字符串，在 C38 单元格中输入公式“=LEFT(A38,3)”，确认后即显示出“我喜欢”字符。

说明：此函数名的中文含义为“左”，即从左边开始截取。

（2）RIGHT

格式：RIGHT(text,num_chars)。

功能：从一个文本字符串的最后一个字符开始返回指定个数的字符。

示例：假定 A38 单元格中保存了“我喜欢天极网”字符串，在 C38 单元格中输入公式“=RIGHT (A38,3)”，确认后即显示出“天极网”字符。

说明：此函数名的中文含义为“右”，即从右边开始截取。

（3）MID

格式：MID(text,start_num,num_chars)。

功能：从文本字符串中指定的起始位置开始返回指定长度的字符。

示例：假定 A38 单元格中保存了"我喜欢天极网"字符串，在 C38 单元格中输入公式"=MID (A38,3,2)"，确认后即显示出"欢天"字符。

说明：空格也是一个字符。

（4）CONCATENATE

格式：CONCATENATE(text1,text2,…)。

功能：将多个字符串或单元格中的数据连接在一起，显示在一个单元格中。

示例：在 C14 单元格中输入公式"=CONCATENATE(A14," @ ",B14," .com ")"，确认后即可将 A14 单元格中的字符、@、B14 单元格中的字符和.com 连接为一个整体，并显示在 C14 单元格中。

说明：如果参数不是引用的单元格，且为文本格式，请将参数用半角状态的双引号引起来。如果将上述公式改为"=A14&" @ " &B14& " .com ""，也能达到相同的目的。

6. 逻辑函数

（1）IF

格式：IF(logical,num1,num2)。

功能：如果测试条件 logical 为真，则返回 num1；否则，返回 num2。

示例：在 C29 单元格中输入公式"=IF(C26>=18," 符合要求 "," 不符合要求 ")"，如果 C26 单元格中的数值大于或等于 18，则 C29 单元格中会显示"符合要求"字样；反之，则显示"不符合要求"字样。

说明：本文中类似"在 C29 单元格中输入公式"中指定的单元格，在实际应用时，并不需要受其约束，此处只是为满足本文所附实例的需要而给出的相应单元格。

（2）IFERROR

格式：IFERROR(value,value_if_error)。

功能：如果表达式错误，则返回 value_if_error，否则返回表达式自身的值。

示例：如图 4-21 所示，在 C2 单元格中输入公式"=IFERROR(A2/B2," 除数不能为 0 ")"，确认后就可得到结果"除数不能为 0"。

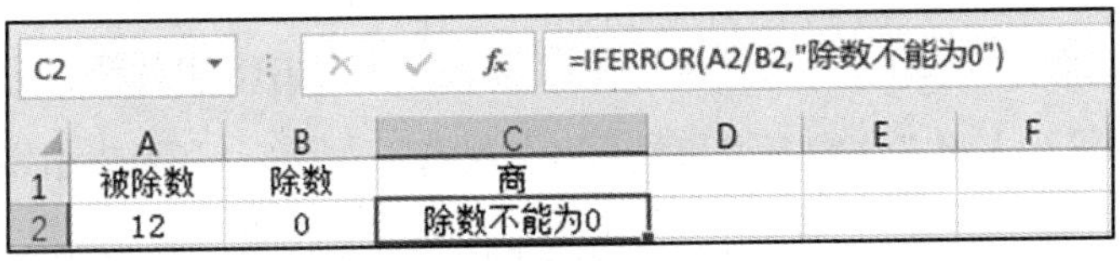

图 4-21　IFERROR 函数示例

说明：value 函数的错误类型包括#N/A、#VALUE!、#REF!、#DIV/0!、#NUM!、#NAME? 或 #NULL!。

4.4.4　单元格的引用

Excel 公式可以使用当前工作表中其他单元格的数据，也可以使用同一工作簿内其他工作表中的数据，还可以使用其他工作簿的工作表中的数据。Excel 公式实现上述功能的关键就是灵活地使用单元格引用，单元格引用包括相对引用、绝对引用和混合引用。下面分别介绍这 3 种单元格引用的形式和使用方法。

1. 相对引用

相对引用是指当把一个含有单元格地址的公式复制到一个新的位置时，公式中的单元格地址也会随之改变，这是 Excel 默认的引用形式。例如，公式形式是 G3=C3+D3+E3+F3，当把该公式复制到 G4 单元格中时，该公式就变为 G4=C4+D4+E4+F4。

可以看出，在输入公式时，单元格引用和公式所在单元格之间通过它们的相对位置建立了一种联系。当公式被复制到其他位置时，公式中的单元格引用也会做出相应的调整，使这些单元格和公式所在的单元格之间的相对位置不变，这就是相对引用。

2. 绝对引用

在单元格的引用过程中，如果公式中的单元格地址不随着公式位置的变化而变化，这种引用就是绝对引用。在列号和行号之前加上符号"$"就构成了单元格的绝对引用形式，如$C$3、$F$6 等。

例如，如果公式形式是 G3= $C$3+$D$3+$E$3+$F$3，则将该公式复制到 G4 单元格中时，G4 单元格中的内容仍然是$C$3+$D$3+$E$3+$F$3，G4 和 G3 单元格中的数值相同。

3. 混合引用

在某些情况下复制公式时，可能只有行或只有列保持不变，这时就需要使用混合引用，混合引用是指包含相对引用和绝对引用的引用。例如，$A1 表示列的位置是绝对的，行的位置是相对的；而 A$1 表示列的位置是相对的，行的位置是绝对的。

例如，对于公式 F3= $C3+D$3，当将该公式复制到 F4 单元格中时，F4 单元格中的公式为 =$C4+E$3。

在 Excel 中，还可以引用其他工作表中的内容，方法是在公式中包含工作表引用和单元格引用。例如，当前工作表为 Sheet1，若要引用工作表 Sheet3 中的 B18 单元格，则可以在公式中输入 Sheet3!B18，用感叹号（!）将工作表引用和单元格引用隔开。另外，还可以引用其他工作簿的工作表中的单元格。例如，[Book5]Sheet2! A5 表示引用工作簿 Book5 的工作表 Sheet2 中的单元格 A5。

在默认情况下，当引用的单元格中的数据发生变化时，Excel 会自动重新计算。

4.5　数据库操作

Excel 提供了丰富的数据库操作功能。Excel 的数据库是由行和列组成的数据记录的集合，又叫数据清单。数据清单是指工作表中连续的数据区域，每一列中都有相同类型的数据。因此，数据清单是一个有列标题的特殊工作表。数据清单由记录、字段和字段名 3 个部分组成。

数据清单中的一行是一条记录。数据清单中的一列为一个字段，是构成记录的基本数据单元。字段名是数据清单的列标题，它位于数据清单的最上方。字段名标识了字段，Excel 根据字段名实现排序、检索及分类汇总等操作。

4.5.1　数据的排序

排序是指按某个字段重新组织记录的排列顺序，排序的字段也称为关键字。用户可以按文本（升序或降序）、数值（升序或降序）及日期和时间（最早到最晚和最晚到最早）对一个或多个列中的数据进行排序，也可以按自定义列表（如"大""中""小"）或格式（包括单元格颜色、字体颜色或图标集）进行排序。大多数情况下按列排序，但也可以按行排序。

排序主要有确定排序的数据区域、指定排序的方式和指定排序关键字 3 个步骤，这些步骤都是在"排序"对话框中完成的。

本小节及后面的实例，包括排序、筛选、分类汇总操作用到的数据清单都如图 4-22 所示。

	A	B	C	D	E	F
1			总分排名			
2	姓名	性别	语文	数学	英语	总分
3	邱航	男	97	98	95	290
4	卓延续	男	94	97	96	287
5	潘凤	女	96	96	90	282
6	程云	女	95	94	89	278
7	刘雪	女	93	92	90	275
8	赵宗文	男	94	85	93	272
9	郭松	男	89	90	88	267
10	程晓琳	女	80	85	89	254
11	叶琳	女	78	76	78	232
12	邱浩	男	79	74	73	226

图 4-22　数据清单

例如，将"语文"字段和"数学"字段作为组合关键字对记录进行排序，操作过程如下。

（1）选择要排序的数据区域，若要对所有的数据进行排序，则无须选择排序数据区域，只要将插入点置入要排序的数据清单中，在单击"排序"按钮后，系统即可自动选择该数据清单中的所有记录。

（2）在"数据"选项卡的"排序和筛选"组中单击"排序"按钮，弹出"排序"对话框，如图 4-23 所示。

图 4-23 "排序"对话框

（3）在"列"下的"主要关键字"下拉列表中选择主要关键字为"语文"。

（4）在"排序依据"下拉列表中选择排序类型。若要按文本、数值或日期和时间排序，请选择"单元格值"。若要按格式排序，请选择"单元格颜色""字体颜色""条件格式图标"。这里我们选择"单元格值"。

（5）在"次序"下拉列表中选择所需排序方式。这里我们选择"升序"。

（6）单击"添加条件"按钮，在"次要关键字"下拉列表中选择次要关键字为"数学"，其他选项保持默认。

设置完成后，单击"确定"按钮，即可完成排序操作。

4.5.2 数据的筛选

筛选是指只显示工作表中符合条件的记录供用户使用和查询，隐藏不符合条件的记录。Excel提供了自动筛选和高级筛选两种方式。自动筛选是指按简单条件进行查询，高级筛选是指按多种条件进行组合查询。

1. 自动筛选

以图 4-24 所示数据清单为例，自动筛选出英语成绩高于 90 分的记录，操作过程如下。

（1）单击数据清单中的任意单元格。在"数据"选项卡中单击"排序和筛选"组中的"筛选"按钮，此时每个列标题右侧都出现了一个下拉按钮。

（2）单击已提供筛选条件的列标题右侧的下拉按钮，会出现一个筛选条件列表，选择"数字筛选"中的相关选项，如图 4-24 所示。

图 4-24 设置自动筛选条件

（3）在弹出的"自定义自动筛选方式"对话框中，输入图 4-25 所示筛选条件，单击"确定"按钮，即可将满足条件的数据记录显示在当前工作表中，同时隐藏所有不满足筛选条件的记录。

图 4-25　"自定义自动筛选方式"对话框

用户可以设置多个筛选条件。如果数据清单中的记录很多，这个功能就会非常有用。

自动筛选完成后，若再次单击"数据"选项卡的"排序和筛选"组中的"筛选"按钮，则将退出筛选状态，并显示出原工作表中的所有记录。

2. 高级筛选

高级筛选是指按多种条件进行组合查询，一般用于条件较复杂的筛选操作，其筛选结果可显示在原工作表中，不符合条件的记录被隐藏起来；也可以在新的工作表中显示筛选结果，不符合条件的记录同时保留在原工作表中而不会被隐藏起来，这样就更加便于进行数据对比。

以图 4-22 所示数据清单为例，自动筛选出语文成绩高于 85 分并且数学成绩低于 95 分的记录，操作过程如下。

（1）选择不影响数据的空白单元格区域，如 A14：B15 区域，作为条件区域，输入图 4-26 所示条件。

	A	B	C	D	E	F
1				总分排名		
2	姓名	性别	语文	数学	英语	总分
3	邱航	男	97	98	95	290
4	卓延续	男	94	97	96	287
5	潘凤	女	96	96	90	282
6	程云	女	95	94	89	278
7	刘雪	女	93	92	90	275
8	赵宗文	男	94	85	93	272
9	郭松	男	89	90	88	267
10	程晓琳	女	80	85	89	254
11	叶琳	女	78	76	78	232
12	邱洁	男	79	74	73	226
13						
14	语文	数学				
15	>85	<95				

图 4-26　确定条件区域

（2）单击数据清单中的任意单元格，或选择需筛选的 A2：F12 单元格区域。在"数据"选项卡中单击"排序和筛选"组中的"高级"按钮，打开"高级筛选"对话框。

（3）在"高级筛选"对话框中设置"列表区域"与"条件区域"，如图 4-27 所示。

图 4-27　设置高级筛选条件

（4）单击"确定"按钮即可筛选出符合条件的记录，筛选结果如图 4-28 所示。

	总分排名				
姓名	性别	语文	数学	英语	总分
程云	女	95	94	89	278
刘雪	女	93	92	90	275
赵宗文	男	94	85	93	272
郭松	男	89	90	88	267
语文	数学				
>85	<95				

图 4-28　筛选结果

4.5.3　分类汇总

分类汇总就是对数据清单中的某一字段进行分类，再将其按求和、求平均值、计数等方式汇总并显示出来。在按字段进行分类汇总前，必须先对该字段进行排序，以使分类字段中值相同的记录排在一起。

图 4-29　"分类汇总"对话框

根据图 4-22 所示数据清单进行操作，要求使用"分类汇总"功能计算男生、女生总成绩的平均值和英语成绩的平均值，操作过程如下。

（1）按性别排序：将插入点置于数据清单中，单击"数据"选项卡的"排序和筛选"组中的"排序"按钮，在"排序"对话框中设置排序的主要关键字为"性别"，单击"确定"按钮完成排序。

（2）将插入点置于数据清单中。在"数据"选项卡中，单击"分级显示"组中的"分类汇总"按钮，弹出"分类汇总"对话框，设置"分类字段"为"性别"，"汇总方式"为"平均值"，"选定汇总项"为"英语"和"总分"两个字段，如图 4-29 所示。

（3）单击“确定”按钮，得到分类汇总结果，如图 4-30 所示。单击汇总表左侧的“折叠”按钮 − 或“展开”按钮 + 即可得到不同级别的分类汇总结果。

	A	B	C	D	E	F
1	总分排名					
2	姓名	性别	语文	数学	英语	总分
3	邱航	男	97	98	95	290
4	卓延续	男	94	97	96	287
5	赵宗文	男	94	85	93	272
6	郭松	男	89	90	88	267
7	邱浩	男	79	74	73	226
8		**男 平均值**			89	268.4
9	潘凤	女	96	96	90	282
10	程云	女	95	94	89	278
11	刘雪	女	93	92	90	275
12	程晓琳	女	80	85	89	254
13	叶琳	女	78	76	78	232
14		**女 平均值**			87.2	264.2
15		**总计平均值**			88.1	266.3

图 4-30　分类汇总结果

4.5.4　合并计算

合并计算可以将多个格式一致的报表合并起来。在一个工作簿的不同工作表中分别存放了学生的平时成绩、期末成绩和总成绩，如图 4-31 所示。

	A	B	C	D
1	平时成绩			
2	姓名	性别	英语	
3	邱航	男	37	
4	卓延续	男	34	
5	潘凤	女	36	
6	程云	女	35	
7	刘雪	女	33	
8	赵宗文	男	34	
9	郭松	男	39	
10	程晓琳	女	30	

平时成绩　期末成绩　总成绩

图 4-31　合并计算的示例工作簿

若需要计算学生的总成绩，则可以使用“合并计算”功能，主要过程如下。

（1）切换到“总成绩”工作表，选择显示汇总结果的目标单元格区域 C3:C10 或单元格区域的起始单元格 C3。

（2）单击“数据”>“数据工具”>“合并计算”按钮，打开“合并计算”对话框，设置“函数”为“求和”。

（3）单击“引用位置”右侧的按钮，使对话框折叠为浮动工具条。切换到“平时成绩”工作表，选择平时成绩所对应的单元格区域 C3:C10。单击浮动工具条右侧的按钮展开对话框，单击“添加”按钮将平时成绩数据区域添加到“所有引用位置”列表框中。同理，可添加期末成绩到对应的数据区域，如图 4-32 所示。最后单击“确定”按钮，即可实现合并计算。

图 4-32　"合并计算"对话框

4.6　打印工作表

在打印工作表之前要先进行工作表的页面设置和打印设置。

4.6.1　页面设置

在 Excel 2016 中，通过设置"页面设置"对话框中的选项，用户可以控制打印工作表的外观和版面效果。

1. 设置页边距

页面打印方式的设置包括页面的打印方向、缩放比例、纸张大小及打印质量，用户可以根据自己的需要进行设置，具体的操作过程如下。

选择一个需要设置页面打印方式的工作表，单击"页面布局"选项卡的"页面设置"组中的"页边距"按钮，将弹出包含预设页边距样式的下拉列表，从中选择合适的样式即可。

2. 设置打印区域

Excel 2016 中有一个用于自定义打印区域的选项，具体的操作过程如下。

使用鼠标框选出需要打印的区域。单击"页面布局"选项卡的"页面设置"组中的"打印区域"按钮，在弹出的下拉列表中选择"设置打印区域"选项。

此时，系统将把框选的区域作为打印的区域，在工作表中可以看到打印区域的边框。

3. "页面设置"对话框

用户在"页面设置"对话框中可以对页面方向、边距、页眉和页脚等进行设置，具体的操作过程如下。

（1）单击"页面布局"选项卡的"页面设置"组右下角的对话框启动器按钮，弹出"页面设置"对话框。

（2）切换到"页面"选项卡，在其中可以设置页面的"方向""缩放""纸张大小""打印质量""起始页码"。用户可以根据自己的需要设置相关选项。

（3）切换到"页边距"选项卡，在其中可以设置页面的边距。

（4）切换到"页眉/页脚"选项卡，在其中可以选择系统提供的"页眉"和"页脚"。用户也可以单击"自定义页眉"按钮，在弹出的"页眉"对话框中自定义页眉的显示方式和页眉中的文字，然后单击"确定"按钮。

（5）切换到"工作表"选项卡，在其中可以设置打印区域和一些其他的打印参数。

4.6.2　打印设置

在打印工作表之前，可以先预览一下工作表的实际打印效果。在"页面设置"对话框中单击"打印预览"按钮查看工作表的打印预览效果。

Excel 的打印设置与 Word 的打印设置相同，选择"文件"＞"打印"命令，打开"打印"界面，在其中可以查看打印效果，设置打印机和打印效果。在"打印"界面的右下角单击 ▦（显示页边距）按钮，可以在预览界面中调整工作表的页边距。

设置完成后，单击"打印"按钮，即可打印当前工作表。

4.7　上机实践

4.7.1　上机实践 1

小蒋老师在教务处负责管理学生的成绩，他将初一年级 3 个班的成绩均录入了名为"Excel.xlsx"的 Excel 工作簿中（具体内容见操作提示）。根据下列要求帮助小蒋老师对学生成绩进行整理和分析。

（1）对工作表"第一学期期末成绩"中的数据进行格式化设置：将第一列设为文本数据类型，为所有成绩列中的数值保留两位小数；适当加大行高与列宽，改变字体、字号，设置对齐方式，添加适当的边框和底纹使工作表更加美观。

（2）利用"条件格式"功能进行下列设置：用一种颜色填充语文、数学、英语 3 科中不低于 110 分的成绩所在的单元格，将其他 4 科中高于 95 分的成绩用另一种字体颜色标出，所用颜色以不遮挡数据为宜。

（3）利用 SUM 和 AVERAGE 函数计算出每一个学生的总分及平均分。

（4）学号的第 3、4 位代表学生所在的班级，如"120105"代表 12 级 1 班 5 号。请通过公式提取出每个学生所在的班级，并将结果按图 4-33 所示对应关系填写在"班级"列中。

"学号"的第3、4位	对应班级
01	1班
02	2班
03	3班

图 4-33　班级对应表

（5）复制工作表"第一学期期末成绩"，将得到的工作表副本放在原表之后；改变该副本标签的颜色，并为其重新命名，新表名需包含"分类汇总"字样。

（6）利用"分类汇总"功能求出每个班各科的平均分，并将每组结果分页显示。

（7）以分类汇总结果为基础，创建一个簇状柱形图，对每个班各科的平均分进行比较，并将该图表放置在一个名为"柱状分析图"的新工作表的 A1:M30 单元格区域内。

操作提示："Excel.xlsx"的"第一学期期末成绩"工作表中的内容如图 4-34 所示。

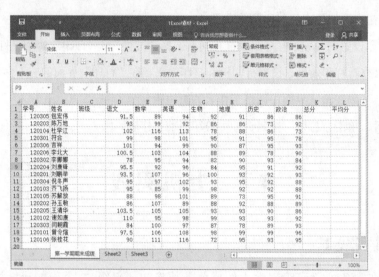

图 4-34　"第一学期期末成绩"工作表

4.7.2　上机实践 2

某公司销售部门的主管大华拟对本公司产品前两季度的销售情况进行统计（"Excel.xlsx"中的内容见操作提示 1），按下列要求帮助大华完成统计工作。

（1）参照"产品基本信息表"，运用公式或函数分别在工作表"一季度销售情况表""二季度销售情况表"中，填入各产品对应的单价，计算出各产品的销售额并填入 F 列中。其中单价和销售额均为数值，保留两位小数，使用千位分隔符（注意：不得改变这两个工作表中的数据顺序）。

（2）在"产品销售汇总表"中，分别计算各产品的一、二季度销量、销售额及总计数，将结果填入相应的列中。所有销售额均为数值，0 位小数，使用千位分隔符，右对齐。

（3）在"产品销售汇总表"中，在不改变原有数据顺序的情况下，按一、二季度销售总额从高到低列出总销售额排名，将结果填入 I 列中。将排在前 3 位和后 3 位的产品分别用标准红色和标准绿色标出。

（4）为“产品销售汇总表”的数据区域 A1:I21 套用一个表格样式，包含表标题，并取消列标题行中的筛选标记。

（5）根据“产品销售汇总表”中的数据，在一个名为“透视分析”的新工作表中创建数据透视表，统计每个产品类别一、二季度的销售额及销售总额，数据透视表自 A3 单元格开始，并按两个季度的销售总额从高到低进行排序。结果参见操作提示 2 中的“数据透视表样例”。

（6）将“透视分析”工作表标签的颜色设为标准紫色，并移动到“产品销售汇总表”的右侧。

操作提示 1：“Excel.xlsx”工作簿中有 4 个工作表，如图 4-35 所示。

	A	B	C
1	产品类别代码	产品型号	单价（元）
2	A1	P-01	1,654.00
3	A1	P-02	786.00
4	A1	P-03	4,345.00
5	A1	P-04	2,143.00
6	A1	P-05	849.00
7	B3	T-01	619.00
8	B3	T-02	598.00
9	B3	T-03	928.00
10	B3	T-04	769.00
11	B3	T-05	178.00
12	B3	T-06	1,452.00
13	B3	T-07	625.00
14	B3	T-08	3,786.00
15	A2	U-01	914.00
16	A2	U-02	1,208.00
17	A2	U-03	870.00
18	A2	U-04	349.00
19	A2	U-05	329.00
20	A2	U-06	489.00
21	A2	U-07	1,282.00

产品基本信息表　一季度销售情况表　二季度销售情况表　产品销售汇总表

	A	B	C	D	E	F
1	产品类别代码	产品型号	月份	销售量	单价	销售额(元)
2	A2	U-07	1月	176		
3	A2	U-07	3月	80		
4	A2	U-06	2月	213		
5	A2	U-06	3月	179		
6	A2	U-05	1月	149		
7	A2	U-05	2月	169		
8	A2	U-04	1月	156		
9	A2	U-04	2月	218		
10	A2	U-04	3月	284		
11	A2	U-03	3月	124		
12	A2	U-02	1月	123		
13	A2	U-02	2月	190		
14	A2	U-02	3月	242		
15	A2	U-01	1月	156		
16	A2	U-01	2月	94		
17	B3	T-08	1月	86		
18	B3	T-08	2月	242		
19	B3	T-07	2月	188		
20	B3	T-07	3月	172		
21	B3	T-06	1月	121		
22	B3	T-06	3月	153		
23	B3	T-05	1月	165		

一季度销售情况表　二季度销售情况表　产品销售汇总表

图 4-35　“Excel.xlsx”工作簿中的工作表

	A	B	C	D	E	F	G
1	产品类别代码	产品型号	月份	销售量	单价	销售额（元）	
2	A1	P-01	5月	202			
3	A1	P-01	6月	226			
4	A1	P-02	4月	93			
5	A1	P-02	5月	173			
6	A1	P-02	6月	117			
7	A1	P-03	4月	221			
8	A1	P-03	6月	190			
9	A1	P-04	5月	186			
10	A1	P-05	4月	134			
11	A1	P-05	6月	120			
12	B3	T-01	5月	116			
13	B3	T-02	4月	115			
14	B3	T-02	6月	194			
15	B3	T-03	4月	78			
16	B3	T-03	5月	206			
17	B3	T-03	6月	269			
18	B3	T-04	4月	129			
19	B3	T-04	5月	289			
20	B3	T-04	6月	249			
21	B3	T-05	5月	292			
22	B3	T-06	4月	89			
23	B3	T-06	6月	91			

… 一季度销售情况表 二季度销售情况表 产品销售汇总表 …

	A	B	C	D	E	F	G	H	I
1	产品类别代码	产品型号	一季度销量	一季度销售额	二季度销量	二季度销售额	一二季度销售总量	一二季度销售总额	总销售额排名
2	A1	P-01							
3	A1	P-02							
4	A1	P-03							
5	A1	P-04							
6	A1	P-05							
7	B3	T-01							
8	B3	T-02							
9	B3	T-03							
10	B3	T-04							
11	B3	T-05							
12	B3	T-06							
13	B3	T-07							
14	B3	T-08							
15	A2	U-01							
16	A2	U-02							
17	A2	U-03							
18	A2	U-04							
19	A2	U-05							
20	A2	U-06							
21	A2	U-07							

… 一季度销售情况表 二季度销售情况表 产品销售汇总表 …

图 4-35　"Excel.xlsx" 工作簿中的工作表（续）

操作提示 2：数据透视表样例如图 4-36 所示。

	A	B	C	D
1				
2				
3	产品类别	第一季度销售额	第二季度销售额	两个季度销售总额
4	A1	3,657,413	3,408,989	7,066,402
5	B3	2,986,412	3,068,956	6,055,368
6	A2	1,860,964	2,035,845	3,896,809
7	总计	8,504,789	8,513,790	17,018,579
8				

图 4-36　数据透视表样例

第5章
演示文稿软件 PowerPoint 2016

PowerPoint 是 Microsoft Office 办公套件中的电子演示文稿制作软件，用于制作和播放幻灯片，其文件的扩展名为.pptx。使用它制作的演示文稿，可用于学术交流、产品展示、工作汇报、情况介绍等。用户通过幻灯片的形式，可将要传达的信息划分成更便于对方接收和理解的信息块。

本章主要内容包括 PowerPoint 2016 窗口知识，演示文稿和幻灯片的基本操作，格式化演示文稿的方法，设置幻灯片效果的方法，插入超链接和多媒体对象的方法以及演示文稿的放映和打印方法。

5.1 PowerPoint 2016 窗口

PowerPoint 窗口具有与 Word 窗口相似的标题栏、快速访问工具栏、功能区，它与 Word 窗口的主要区别在于幻灯片（文稿）编辑区和视图按钮。PowerPoint 的幻灯片编辑区中放置了若干个占位符供用户输入信息，其视图按钮中包括"普通视图""幻灯片浏览视图""阅读视图""幻灯片放映视图"按钮。PowerPoint 2016 窗口包括大纲编辑区，幻灯片编辑区以及备注编辑区，如图 5-1 所示。

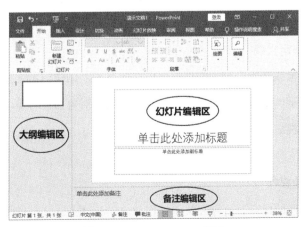

图 5-1　PowerPoint 2016 窗口

5.2 演示文稿和幻灯片的基本操作

创建演示文稿和幻灯片是 PowerPoint 2016 的基本操作。

5.2.1 演示文稿的基本操作

演示文稿的基本操作有创建空白演示文稿和根据模板创建演示文稿。

1. 创建空白演示文稿

创建演示文稿是制作幻灯片的第一步。创建空白演示文稿的方法有以下 3 种。

（1）通过"开始"菜单启动 PowerPoint 2016，打开新建演示文稿界面，单击"空白演示文稿"，如图 5-2 所示。

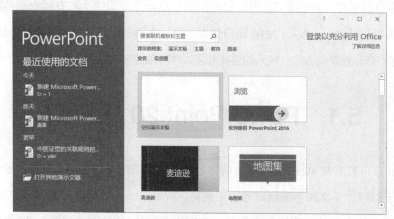

图 5-2 新建演示文稿界面

（2）在新建演示文稿界面中按<Esc>键，也可以创建空白演示文稿。

（3）在桌面上单击鼠标右键，在弹出的快捷菜单中选择"新建" > "Microsoft PowerPoint 演示文稿"命令，在桌面上新建空白演示文稿，双击即可打开。

2. 根据模板创建演示文稿

模板是包含初始设置或初始内容的文件，可以在此基础上创建演示文稿。不同的模板提供的内容也不同，但都包含示例幻灯片、背景图形、字体主题及对象占位符等。

计算机中存储的模板显示在新建演示文稿界面中，如图 5-2 所示。在该界面中选择需要的模板即可。

3. 演示文稿的其他操作

PowerPoint 演示文稿的保存、打开和关闭操作与 Word、Excel 文档的操作方法相同，在此不再赘述。

5.2.2　幻灯片的基本操作

幻灯片是演示文稿中一页一页的内容，下面将介绍幻灯片的基本操作。

1.　创建新的幻灯片

不同的模板中包含不同数量和类型的幻灯片，空白演示文稿中只有一张幻灯片，用户必须自己创建其他需要的幻灯片。

创建新幻灯片的具体操作过程如下。

在幻灯片的缩略图中选择需要添加幻灯片的位置，单击"开始"选项卡的"幻灯片"组中的"新建幻灯片"按钮；也可以单击"新建幻灯片"右侧的下拉按钮，在弹出的下拉列表中选择需要的幻灯片类型，添加需要的幻灯片。

此外，单击"插入"选项卡的"幻灯片"组中的"新建幻灯片"按钮，也可以创建新幻灯片。

2.　选择幻灯片

在对幻灯片或幻灯片组进行操作之前，必须先选择要处理的幻灯片。要选择单张幻灯片，单击它即可。要选择多张幻灯片，可在单击每张幻灯片的同时按住<Ctrl>键。要选择一组相邻的幻灯片，可以单击第一张幻灯片，然后在按住<Shift>键的同时单击最后一张幻灯片，这样两张幻灯片之间的所有幻灯片都将被选择。

要取消选择多张幻灯片，可在选定幻灯片外部的任意位置单击。

3.　移动和复制幻灯片

在幻灯片的大纲编辑区或浏览视图中移动和复制幻灯片比较方便，具体方法如下。

（1）选择待移动的幻灯片，在"开始"选项卡中，单击"剪贴板"组中的"剪切"按钮，确定目标位置后，再单击"剪贴板">"粘贴"按钮，即可将幻灯片移动到新位置。

（2）如果将（1）中的"剪切"按钮换为"复制"按钮，则可执行复制操作。

（3）使用鼠标左键选择并拖曳幻灯片到指定位置，也可实现幻灯片的移动。

4.　删除幻灯片

用户有时需要删除某些幻灯片，删除幻灯片的方法有以下两种。

（1）在幻灯片上单击鼠标右键，在弹出的快捷菜单中选择"删除幻灯片"命令。

（2）直接按<Delete>键。

5.　文本编辑

一般会在"普通视图"下的幻灯片编辑区中进行文本的编辑，文本的编辑与排版方式与 Word 中的对应操作基本相同。需要注意的是，在幻灯片中输入文本时，应当在占位符（文本框）中输入，如果没有占位符，则需要提前插入文本框来充当占位符。

图片和表格的插入方式与 Word 中的对应操作相同。

5.3 格式化演示文稿

下面介绍如何通过设置文字和段落、幻灯片的版式、主题和背景颜色来格式化演示文稿。

5.3.1 设置文字和段落

格式化演示文稿前要先设置文字格式和段落格式。

1. 设置文字格式

文字格式主要包括字体、字号和文字颜色等内容。设置文字格式可以通过"开始"选项卡的"字体"组中的按钮实现，也可以通过单击"字体"组右下角的对话框启动器按钮实现。其操作过程如下。

（1）选择要设置格式的文本。

（2）在"开始"选项卡中，单击"字体"组右下角的对话框启动器按钮（或在文本上单击鼠标右键，在弹出的快捷菜单中选择"字体"命令），将出现"字体"对话框，在该对话框中可设置字体、字号、效果及字符间距等，如图 5-3 所示。

（3）如果需要设置文本颜色，则单击"字体颜色"右侧的下拉按钮，在颜色选择器中选择合适的颜色，再单击"确定"按钮。

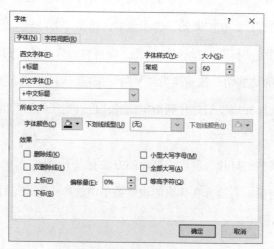

图 5-3 "字体"对话框

2. 设置段落格式

段落格式主要包括段落的对齐方式、行间距及项目符号与编号。可以使用"开始"选项卡的

"段落"组中的按钮完成上述设置，也可以在"段落设置"对话框中进行设置。

（1）通过按钮设置段落格式

设置段落文本的对齐方式：先选择文本框或文本框中的某段文字，找到"开始"选项卡的"段落"组中的对齐按钮 ≣ ≣ ≣ ≣ ≣ ，这 5 个按钮依次为"左对齐""居中对齐""右对齐""两端对齐""分散对齐"按钮。

行间距和段落间距的设置：单击"开始"选项卡的"段落"组中的"行距"按钮 ‡≣ ，可为选定的文字或段落设置行距或段前（或段后）的间距。

项目符号和编号的设置：默认情况下，项目符号和编号的设置可通过单击"开始"选项卡的"段落"组中的"项目符号"按钮 ≣ 或"编号"按钮 ≣ 实现。

（2）通过对话框设置段落格式

选择要设置格式的段落文本，在"开始"选项卡中，单击"段落"组右下角的对话框启动器按钮；或使用鼠标右键单击所选段落，在弹出的快捷菜单中选择"段落"命令，弹出"段落"对话框，如图 5-4 所示。

在"段落"对话框中，可完成对选择段落的对齐方式、缩进格式、间距等的设置。

图 5-4　"段落"对话框

5.3.2　设置幻灯片版式

幻灯片版式指的是幻灯片的页面布局，PowerPoint 提供了多种版式供用户选择，当然也允许用户自定义版式。如需对现有幻灯片的版式进行更改，则可按下列过程进行操作。

（1）选择要更改版式的幻灯片，在"开始"选项卡中单击"幻灯片" > "版式"按钮；或使用鼠标右键单击幻灯片，在弹出的快捷菜单中选择"版式"命令，打开"Office 主题"界面。

（2）在"Office 主题"界面中选择一种版式，然后对标题、文本和图片的位置及大小进行适当的调整。

5.3.3　设置幻灯片主题

PowerPoint 提供了很多已设置完成的幻灯片主题供用户选择，能帮助用户方便、快速地创作出效果精美的演示文稿。快速套用内置主题的主要过程如下。

（1）在"设计"选项卡中，单击"主题"组右下角的"其他"按钮，展开所有可用的主题样式，如图 5-5 所示。

（2）在展开的主题样式列表中，单击需要的主题，即可应用该主题。

图 5-5　"设计"选项卡

5.3.4　设置幻灯片背景颜色

为了使幻灯片更美观，可适当改变幻灯片的背景颜色。更改幻灯片背景颜色的操作过程如下。

（1）在"普通视图"下选择要更改背景颜色的幻灯片。

（2）在"设计"选项卡中，单击"自定义"组中的"设置背景格式"按钮，打开"设置背景格式"窗格，如图 5-6 所示。在该窗格中可以设置背景格式为纯色填充、渐变填充、图片或纹理填充、图案填充，也可以隐藏背景图形。

图 5-6　"设置背景格式"窗格

（3）以设置纯色填充为例，选择"纯色填充"选项后，单击"颜色"右侧的下拉按钮，再选择"其他颜色"选项，打开"颜色"对话框，如图 5-7 所示。

图 5-7　"颜色"对话框

（4）在"颜色"对话框中选择一种颜色，然后单击"确定"按钮。

（5）返回"设置背景格式"窗格，单击"关闭"按钮。如果单击"应用到全部"按钮，则设置的背景颜色将应用到全部幻灯片中。

5.4　设置幻灯片效果

下面介绍如何设置幻灯片的切换效果和动画效果，以丰富幻灯片的放映效果。

5.4.1　设置切换效果

在设置切换效果时，可选择手动切换或自动切换两种方式。一般来说，如果有人控制和演示放映，则应该选择手动切换。在采用这种切换方式时，演示者必须通过单击切换到下一张幻灯片，有助于演示者控制整个放映过程。如果有观众提问或希望发表评论，放映不会一直进行，而可以暂停一段时间。

然而，如果准备的是自动运行的演示文稿，基本上必须使用自动切换方式。

幻灯片的切换效果是指在演示文稿放映过程中从一张幻灯片切换到另一张幻灯片的方式，具体的操作过程如下。

（1）选择需要设置切换效果的幻灯片，进入"切换"选项卡的"切换到此幻灯片"组中，单击想要使用的切换效果；或单击右下角的"其他"按钮，打开切换效果库，选择其他切换效果。

（2）选择一种切换幻灯片的效果之后，可以在"切换到此幻灯片"组的"效果选项"下拉列表中设置相应幻灯片的切换选项，以达到更好的切换效果。

在设置幻灯片的切换效果后，在"切换"选项卡中，可继续修改幻灯片切换时的"声音"和"换片方式"等。

默认情况下，设置的幻灯片切换效果仅作用于当前幻灯片，对其他幻灯片无效。要对演示文稿中的所有幻灯片指定相同的切换效果，具体操作过程如下。

单击"切换"选项卡的"计时"组中的"应用到全部"按钮，可以将该幻灯片的切换效果应用于演示文稿中的全部幻灯片，如图 5-8 所示。

图 5-8　"计时"组中的"应用到全部"按钮

5.4.2　设置动画效果

切换效果决定了整张幻灯片进入屏幕的方式，而动画效果决定了幻灯片中内容的出现方式。

1. 设置动画效果

在"动画"选项卡中，单击"高级动画"组中的"添加动画"按钮，或单击"动画"组中的"其他"按钮，即可打开动画样式列表，如图 5-9 所示。

图 5-9　"动画"选项卡

打开的动画样式列表如图 5-10 所示，用户可以选择进入、强调、退出和动作路径等动画效果。

图 5-10　动画样式列表

在"动画"选项卡中，除了可以设置幻灯片的动画效果外，还可以设置动画的开始时间、速度、延迟时间等。下面通过一个实例，简要说明它们的设置方法。

例如，设置幻灯片中文本框的动画效果为"进入"组中的"飞入"，方向为"自右下部"，动画文本为"按字母"，速度为"慢速"，"单击时"开始播放动画，具体操作过程如下。

（1）选择需要设置动画效果的文本框，在"动画"选项卡的"动画"组中，选择"飞入"动画效果。

（2）单击"动画"选项卡的"动画"组中的"效果选项"按钮，在效果选项列表中选择"自右下部"选项。

（3）单击"动画"选项卡中"动画"组右下角的 按钮，打开"飞入"对话框；在"效果"选项卡中设置动画文本的发送方式为"按字母"，在"计时"选项卡中设置"期间"为"慢速（3秒）"，如图 5-11 所示。

图 5-11　设置"期间"为"慢速（3秒）"

（4）单击"动画"选项卡的"预览"组中的"预览"按钮，即可预览当前幻灯片内容的动画效果。

2. 设置动画播放顺序

默认情况下，幻灯片中动画的播放顺序就是用户添加动画的顺序。用户可单击"动画"选项卡的"高级动画"组中的"动画窗格"按钮，在"动画窗格"窗格中改变动画的顺序，如图 5-12 所示。其具体操作过程如下。

（1）选择需改变动画顺序的幻灯片，单击"动画"选项卡的"高级动画"组中的"动画窗格"按钮，打开"动画窗格"窗格。

图 5-12　"动画窗格"窗格

（2）该窗格中列出了选择幻灯片中的动画，选择需要改变播放顺序的动画，再单击窗格上方"播放自"按钮右侧的按钮，即可对选择动画的播放顺序进行向前或向后调整。

5.5　插入超链接和多媒体对象

用户在演示文稿中可以建立超链接，以便快速跳转到某个对象。注意：跳转的对象可以是一张幻灯片、另一个演示文稿或 Internet 地址等。

5.5.1　插入超链接

创建超链接的起点一般是文本或图片，也可以使用动作按钮。

1．创建超链接

（1）在幻灯片中选择要创建超链接的对象，如文本或图片。

（2）在"插入"选项卡中，单击"链接"组中的"链接"按钮，弹出"插入超链接"对话框，如图 5-13 所示。该对话框左侧有 4 个选项，它们的作用分别如下。

现有文件或网页：超链接到其他文档、应用程序或网址。

本文档中的位置：超链接到本文档中的其他幻灯片。

新建文档：超链接到一个新文档。

电子邮件地址：超链接到一个电子邮件地址。

（3）在上述选项中选择或输入链接地址后，单击"确定"按钮，即可完成超链接的创建。

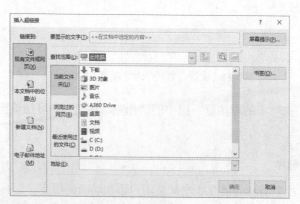

图 5-13　"插入超链接"对话框

2．使用动作按钮插入超链接

使用动作按钮插入超链接的操作过程如下。

（1）在"插入"选项卡中，单击"链接"组中的"动作"按钮，弹出"操作设置"对话框，如图 5-14 所示。

（2）切换到"单击鼠标"选项卡，选择"超链接到"选项，并在下拉列表中选择"幻灯片…"
选项，根据需要设置要链接到的目标幻灯片。

（3）单击"确定"按钮，完成设置。

图 5-14　"操作设置"对话框

5.5.2　插入多媒体对象

为改善幻灯片播放时的视听效果，用户可以在幻灯片中插入多媒体对象。

1. 插入音频文件

在幻灯片中插入音频文件的操作过程如下。

（1）在"普通视图"下，选择要插入音频文件的幻灯片。单击"插入"选项卡的"媒体"组
中的"音频"按钮，在弹出的下拉列表中选择"PC 上的音频"选项。

（2）在打开的"插入音频"对话框中找到并选择要插入的音频文件，单击"插入"按钮，将
音频文件插入文档中。

（3）插入音频后，会显示"音频工具"选项卡，在其中可以设置音频的各种参数。例如在"播
放"选项卡中单击"音频样式"组中的"在后台播放"按钮，即可在播放幻灯片时播放音频。

2. 插入视频文件

（1）在"普通视图"下，选择要插入视频文件的幻灯片。单击"插入"选项卡的"媒体"组
中的"视频"按钮，在弹出的下拉列表中选择"PC 上的视频"选项，打开"插入视频文件"对话框。

（2）在"插入视频文件"对话框中找到并选择要插入的视频文件，单击"确定"按钮。视频
各种参数的设置可以参考音频参数的设置，这里就不详细介绍了。

5.6　演示文稿的放映和打印

演示文稿制作好后，可以进行演示文稿的放映及打印。

5.6.1　演示文稿的放映

放映演示文稿时，可以隐藏与显示幻灯片，为幻灯片添加排练计时及墨迹注释等。

1.　放映幻灯片

放映幻灯片可使用以下 4 种方法。

（1）在"幻灯片放映"选项卡的"开始放映幻灯片"组中单击"从头开始"或"从当前幻灯片开始"按钮。

（2）单击屏幕右下角的 （幻灯片放映）按钮，可以从当前幻灯片开始放映。

（3）按<F5>键，可以从头开始放映幻灯片。

（4）按<Shift+F5>组合键将从当前幻灯片开始放映。

2.　结束放映

如果需要结束放映，可使用以下两种方法。

（1）在放映过程中单击鼠标右键，在弹出的快捷菜单中选择"结束放映"命令。

（2）按<Esc>键。

如果希望在讨论时暂停放映，可按<W>键或<，>（逗号）显示白色屏幕，也可按<B>键或<。>（句号）显示黑色屏幕。要继续放映，只需按任意键即可。

3.　幻灯片的显示与隐藏

在播放幻灯片时，有些幻灯片的效果可能不够理想，且又不想展示，这里就可以用到幻灯片的"隐藏"功能。在 PowerPoint 中显示或隐藏幻灯片的方法有以下两种。

（1）使用"幻灯片放映"选项卡的"设置"组中的"隐藏幻灯片"按钮，隐藏或显示幻灯片。

①选择需要隐藏的幻灯片，单击"幻灯片放映"选项卡的"设置"组中的"隐藏幻灯片"按钮。被隐藏的幻灯片在放映时是看不到的，但是在编辑模式下可以看到，也可以对其进行编辑。

②如果需要将隐藏的幻灯片显示出来，则可以再次单击"隐藏幻灯片"按钮。

（2）选择需要隐藏的幻灯片，单击鼠标右键，在弹出的快捷菜单中选择"隐藏幻灯片"命令。

4.　添加排练计时

使用排练计时，可以在排练时自动设置幻灯片的放映时间间隔。使用排练计时的具体操作过程如下。

打开需要排练计时的演示文稿，切换到"幻灯片放映"选项卡的"设置"组，在其中单击"排练计时"按钮，即可进入放映幻灯片模式，并出现图 5-15 所示"录制"面板。

图 5-15　"录制"面板

排练完成后，会弹出图 5-16 所示提示框，提示用户是否保留幻灯片计时。单击"是"按钮，确认应用排练计时。

图 5-16　提示框

5. 墨迹注释

放映幻灯片时，可以使用鼠标指针在幻灯片上做标记，以便对幻灯片内容进行进一步的讲解或强调。在幻灯片的放映模式下，单击鼠标右键，在弹出的快捷菜单中选择"指针选项"＞"墨迹颜色"命令，此时鼠标指针呈圆点状，可添加墨迹注释。如需清除墨迹，则可选择快捷菜单中的"橡皮擦"或"擦除幻灯片上的所有墨迹"命令。

PowerPoint 提供了将添加的墨迹注释保存到幻灯片中的功能。在退出放映时，可根据需要选择是否保留墨迹注释，如图 5-17 所示。

图 5-17　选择是否保留墨迹注释

5.6.2　演示文稿的打印

幻灯片制作完成后，用户可将其打印出来。其打印设置与 Word 的打印设置类似，在"文件"菜单的"打印"界面中可设置所有打印属性，如图 5-18 所示。例如，设置打印范围（默认打印全部幻灯片）、设置每页打印的幻灯片张数、设置页眉和页脚等。设置完成后，单击"打印"按钮，即可对当前演示文稿进行打印。

图 5-18 "打印"界面

5.7 上机实践

5.7.1 上机实践 1

文慧是某培训机构的人力资源培训讲师，负责对新入职的教师进行入职培训，其演示文稿的制作水平广受好评。最近，她应北京节水展馆的邀请，要为该展馆制作一个宣传水知识及节水工作重要性的演示文稿。"水资源利用与节水（素材）.docx"文档的内容参见操作提示，制作要求如下。

（1）标题页中包含演示主题、制作单位（北京节水展馆）和日期（××××年×月×日）。

（2）必须为演示文稿指定一个主题，幻灯片不少于 5 张，且版式不少于 3 种。

（3）演示文稿中除文字外还要有两张以上的图片，并有两个以上的超链接以实现幻灯片之间的跳转。

（4）动画效果要丰富，幻灯片的切换效果要多样。

（5）放映演示文稿时需要有背景音乐。

（6）将制作完成的演示文稿以"PPT.pptx"为名进行保存。

操作提示："水资源利用与节水（素材）.docx"文档的内容如下。

一、水的知识

1．水资源概述

目前世界水资源达到 13.8 亿立方千米，但人类生活所需的淡水资源却只占 2.53%，约为 0.35 亿立方千米。我国水资源总量位居世界第六，但人均水资源占有量仅为 2200 立方米，为世界人均水资源占有量的 1/4。

北京属于重度缺水地区。全市人均水资源占有量不足 300 立方米，仅为全国人均水资源占有量的 1/8，世界人均水资源占有量的 1/30。

北京的水资源主要来自天然降水和永定河、潮白河上游来水。

2．水的特性

水是氢氧化合物，其分子式为 H_2O。

水的表面有张力，水有导电性，水可以形成虹吸现象。

3．自来水的由来

自来水不是自来的，它是经过一系列水处理净化过程而生产出来的。

二、水的应用

1．日常生活用水

饮用、做饭、洗衣、洗菜、洗浴、冲厕。

2．水的利用

水与减震、音乐水雾、水利发电、雨水利用、再生水利用。

3．海水淡化

海水淡化技术主要有：蒸馏、电渗析、反渗透。

三、节水工作

1．节水技术标准

北京目前实施了 5 大类 68 项节水的相关技术标准。其中包括：用水器具、设备、产品标准；水质标准；工业用水标准；建筑给水排水标准；灌溉用水标准等。

2．节水器具

使用节水器具是节水工作的重要内容，生活中的节水器具主要包括：水龙头、便器及配套系统、淋浴器、冲洗阀等。

3．北京的 5 种节水模式

5 种节水模式分别是：管理型节水模式、工程型节水模式、科技型节水模式、公众参与型节水模式、循环利用型节水模式。

5.7.2　上机实践 2

李强是一名环境保护志愿者，爱好旅游的他，从贺兰山旅游回来之后，想制作一个有关荒漠化防治的 PowerPoint 演示文稿，以呼吁人们保护自然环境。

荒漠化防治的文字资料及素材请参考"荒漠化的防治.docx"，制作要求如下。

（1）标题页中包含演示主题。

（2）必须为演示文稿指定一个美观的主题，幻灯片不少于 6 张，且版式不少于 3 种。

（3）演示文稿中除文字外还要包含一张以上的图片，并包含 3 个以上的超链接以实现幻灯片之间的跳转。

（4）动画效果不少于两种，幻灯片的切换效果不少于 3 种。

（5）素材中有一处适合做成表格，请选择合适的表格样式。

（6）将制作完成的演示文稿以"荒漠化的防治.pptx"为名进行保存。

操作提示："荒漠化的防治.docx"文档的内容如下。

一、荒漠化概述

1．荒漠化的概念

荒漠化包括气候变异和人类活动在内的影响，导致干旱、半干旱、半湿润地区的土地严重退化的过程。

2．表现

其表现包括耕地退化、草地退化、林地退化而引起的土地沙漠化、石质荒漠化和次生盐渍化。

3．影响

荒漠化已成为当今世界最为严重的生态环境问题之一。我国是世界上荒漠化面积较大、分布较广、受害较严重的国家之一，我国的荒漠化类型多样、程度严重。受风蚀、水蚀、盐碱化、冻融等因素的影响，我国干旱的沙漠边缘和绿洲、半干旱和半湿润地区、华北平原、南方湿润地区和青藏高原等地都出现了荒漠化。其中，西北地区的土地荒漠化最为严重。

二、荒漠化产生的自然因素

荒漠化产生的自然因素包括以下几个。

（1）干旱（基本条件）。

（2）地表物质松散（物质基础）。

（3）风力强劲（动力因素）：在干旱、地表物质松散、强风的环境特征下，物理风化和风力成为塑造地貌的主要外力；长期的外力风化、侵蚀、搬运，导致西北地区出现了广袤的荒漠。

（4）气候异常也是导致荒漠化产生的主要自然因素之一。

三、荒漠化产生的人为因素及其主要表现方式

1．荒漠化产生的人为因素

（1）人口激增对生态环境造成的压力。

（2）人类对土地资源、水资源的过度使用和不合理利用。

2．荒漠化产生的人为因素的主要表现方式

人为因素	典型地区	主要危害
过度樵采	能源缺乏地区	用于固沙、防止风沙前移和抑制地表起沙的植被遭到破坏
过度放牧	半干旱的草原牧区、干旱的沙漠绿洲边缘	加速了草原退化和沙化的进程
过度开垦	农垦区及沙漠绿洲	使土壤被风蚀、沙化及次生盐渍化

四、荒漠化防治的对策和措施

（一）防治的对策

1．荒漠化防治的内容

一是预防潜在的荒漠化的威胁。

二是扭转正在荒漠化的土地的退化趋势。

三是恢复荒漠化土地的生产力。

2．荒漠化防治的原则

坚持将维护生态平衡与提高经济效益相结合，治山、治水、治碱、治沙相结合的原则。

3．荒漠化防治的思路

在现有的经济、技术条件下，以防为主，保护并有计划地恢复荒漠植被，重点治理已遭沙丘入侵、风沙危害严重的地段，因地制宜地进行综合整治。

（二）荒漠化防治的具体措施

1．合理利用水资源

（1）农作区：改善耕作和灌溉技术，推广节水农业，避免土壤的盐碱化。

（2）牧区草原：减少水井的数量，以免牲畜的大量无序增长。

（3）干旱的内陆地区：合理分配河流上、中、下游的水资源。

2．利用生物措施和工程措施构筑防护体系

对绿洲外围的沙漠边缘地带进行封沙育草，积极保护、恢复和发展天然灌草植被；在绿洲前沿建立乔、灌木结合的防护林带；在绿洲内部建立农田防护林网，形成一个多层防护体系。

3．调节农、林、牧用地之间的关系

做好农、林、牧用地规划，宜林则林、宜牧则牧，杜绝毁林开荒、盲目开垦，退耕还林、

退耕还牧。

4. 采取综合措施，多途径解决农牧区的能源问题

通过打造薪炭林、兴建沼气池、推广省柴灶等多种途径，解决农牧区的能源问题，避免过度樵采，破坏植被。

5. 控制人口增速

控制人口增长速度，提高人口素质，建立一个人口、资源、环境协调发展的生态系统。

第6章
计算机网络配置与应用

计算机网络在社会与经济的发展中起着巨大的作用，已经渗透到人们生活的方方面面。本章主要内容包括局域网的配置与资源共享、网络信息的检索、Internet 服务与应用。

6.1　局域网的配置与资源共享

局域网的配置与资源共享包括设置共享文件夹、共享打印机、TCP/IP 属性。

6.1.1　共享文件夹

若要实现文件的共享，则需要先将文件所在的文件夹设置为共享状态，再通过"网络"打开共享的文件，具体操作过程如下。

1. 文件夹的共享设置

（1）打开"此电脑"窗口，选择要共享的文件夹，然后单击鼠标右键，在弹出的快捷菜单中选择"授予访问权限">"特定用户"命令，如图 6-1 所示。

（2）在打开的"网络访问"对话框中单击列表框中的"Everyone"选项，单击"添加"按钮，如图 6-2 所示。

（3）如果还需要设置用户对该文件夹的权限，则可在列表框中选择"权限级别"下的"读取""读取/写入""删除"选项来设置用户的权限，如图 6-3 所示。

（4）单击"共享"按钮，完成对共享文件夹的权限设置，再单击"完成"按钮，即可将文件夹设置为共享状态。

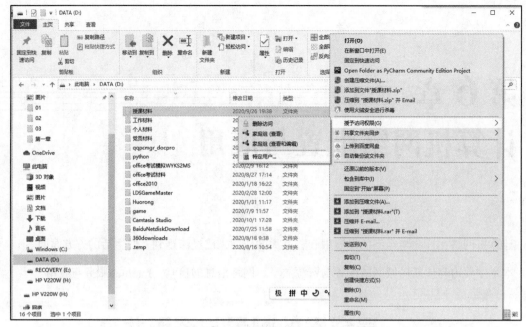

图 6-1　共享文件夹

图 6-2　"网络访问"对话框

图 6-3　权限设置

2. 使用共享的文件夹

若要在桌面上显示"网络"图标，则要先在桌面的空白处单击鼠标右键，在弹出的快捷菜单中选择"个性化"命令，在"个性化"界面中选择"主题"选项，在"主题"面板中单击"桌面图标设置"超链接，在打开的"桌面图标设置"对话框中勾选"网络"复选框，单击"确定"按钮，即可在桌面上显示"网络"图标。

（1）双击桌面上的"网络"图标，打开"网络"窗口，显示出联网的计算机的名称，如图 6-4 所示。双击包含共享驱动器或文件夹的计算机图标，显示出共享的驱动器或文件夹。

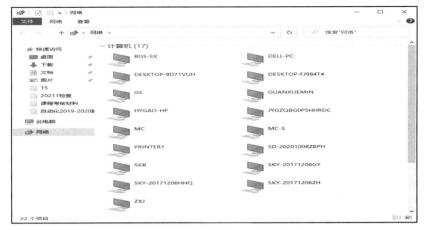

图 6-4　"网络"窗口

（2）双击该窗口中的某一个共享文件夹，如"授课材料"，即可看到该共享文件夹下的所有共享文件，如图 6-5 所示。这时用户就可以访问该共享文件夹下的所有文件了。

图 6-5　共享文件夹

6.1.2　共享打印机

若要共享打印机，则要先将该打印机设置成共享状态，然后在本地计算机上为共享打印机安装驱动程序，以实现打印机的共享，操作步骤如下。

1. 打印机的共享设置

（1）打开"控制面板"窗口，或在屏幕左下角的搜索框中搜索"控制面板"以打开"控制面板"窗口，单击"硬件和声音">"设备和打印机"按钮，打开"设备和打印机"窗口。在要共享的打印机的图标上单击鼠标右键，弹出快捷菜单，如图 6-6 所示。

图 6-6　"设备和打印机"窗口

（2）在弹出的快捷菜单中选择"打印机属性"命令，弹出打印机的属性对话框，切换到"共享"选项卡，勾选"共享这台打印机"复选框，然后在"共享名"文本框中输入共享打印机的名称，如图 6-7 所示。

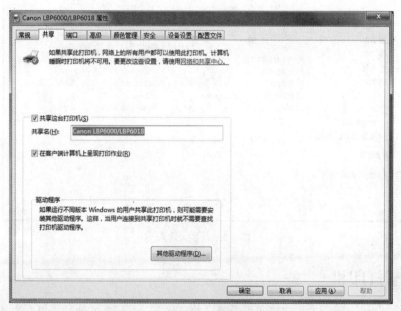

图 6-7　"打印机的属性"对话框

（3）单击"确定"按钮，即可将该打印机设置成共享状态。

2. 为本地计算机安装共享打印机的驱动程序

（1）打开本地计算机的"设备和打印机"窗口，然后单击"添加打印机"按钮，弹出"添加设备"对话框，搜索到的可用打印机如图 6-8 所示。

图 6-8　搜索到的可用打印机

（2）若共享的打印机不在其中，则单击"我所需的打印机未列出"按钮，弹出图 6-9 所示"添加打印机"对话框。

图 6-9　"添加打印机"对话框

（3）选择"按名称选择共享打印机"单选按钮，输入共享打印机的名称，单击"下一步"按钮，如图 6-10 所示。

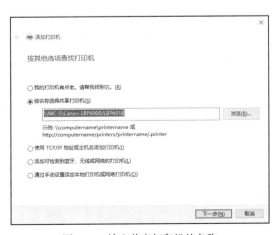

图 6-10　输入共享打印机的名称

（4）若添加成功，则会弹出已成功添加打印机的界面，如图 6-11 所示。

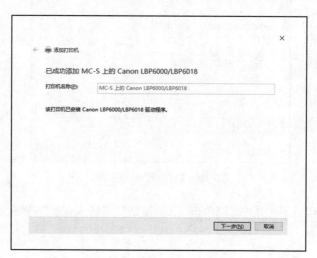

图 6-11　已成功添加打印机

（5）单击"下一步"按钮，弹出打印测试页界面，如图 6-12 所示。单击"完成"按钮，完成共享打印机的设置操作，并可以进行各种打印操作。

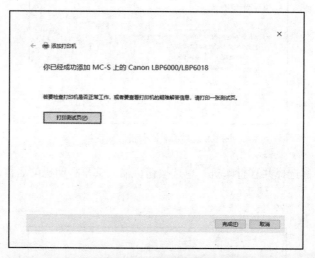

图 6-12　打印测试页界面

6.1.3　TCP/IP 的属性设置

通过局域网接入 Internet 时需要进行 TCP/IP 的属性设置，具体操作步骤如下。

（1）在桌面的"网络"图标上单击鼠标右键，在弹出的快捷菜单中选择"属性"命令，打开图 6-13 所示"网络和共享中心"窗口。

图 6-13　"网络和共享中心"窗口

（2）单击"以太网"超链接，在弹出的对话框中单击"属性"按钮，弹出"以太网属性"对话框，如图 6-14 所示。

（3）勾选"Internet 协议版本 4（TCP/IPv4）"复选框，然后单击"属性"按钮，弹出"Internet 协议版本 4（TCP/IPv4）属性"对话框，如图 6-15 所示。

图 6-14　"以太网 属性"对话框　　　图 6-15　"Internet 协议版本 4（TCP/IPv4）属性"对话框

（4）如需为计算机配置确定的 IP 地址，则选择"使用下面的 IP 地址"单选按钮，并分别在"IP 地址""子网掩码""默认网关""DNS 服务器地址"处输入相关信息，如图 6-15 所示。

（5）单击"确定"按钮，完成 TCP/IP 的属性设置。

这里需要说明的是，获取 IP 地址的方式有两种：一种是自动获得 IP 地址，另一种是指定 IP

地址。如果局域网上有专门的 DHCP（动态主机配置协议）服务器，并且该服务器负责 IP 地址的分配，则应选择"自动获得 IP 地址"单选按钮。

网际协议（Internet Protocol，IP）也称互联网协议，主要有两个版本：IPv4 和 IPv6。如果使用的是 IPv6 版本，则应在第（3）步中勾选"Internet 协议版本 6（TCP/IPv6）"复选框并进行相关设置，其余的设置保持不变。

6.2　网络信息的检索

如何在互联网的上千万个网站中快速、有效地找到所需信息是一个非常棘手的问题，搜索引擎正是为了解决用户的信息查询问题而开发的一种工具。

6.2.1　信息搜索

1．网页搜索

当用户在搜索引擎中搜索某个关键词（如"云计算"）时，搜索引擎数据库中所有包含这个关键词的网页都将作为搜索结果并以列表的形式显示出来，用户可以自行判断需要打开哪些网页。常用的搜索引擎有百度、谷歌、必应等。百度搜索引擎的界面如图 6-16 所示。

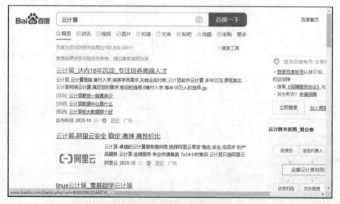

图 6-16　百度搜索引擎的界面

我们需要掌握相应的方法，才能利用搜索引擎全面、准确、快速地从网络上获取需要的信息。通常情况下，搜索引擎通过搜索关键词查找包含此关键词的文章或网址。这是使用搜索引擎查询信息最简单的方法，但使用这种方法得到的结果往往不能令人满意。如果想要获得更准确的搜索结果，就需要使用搜索引擎（以百度为例）提供的高级搜索方法，如图 6-17 所示。它可以缩小搜索的范围，提高搜索的效率。

图 6-17　百度搜索引擎的"高级搜索"页面

2. 保存网页

通过搜索会找到许多有用的信息，我们可以将这些信息保存在本地计算机上，以便日后使用。可以保存整个网页，也可以只保存其中的部分内容（如文本、图片或超链接等），操作方法如下。

以 Microsoft Edge 浏览器为例，如果希望将整个网页保存到本地计算机中，则先打开想保存的网页，单击浏览器右上角的  按钮，如图 6-18 所示。

图 6-18　Microsoft Edge 浏览器

执行"更多工具">"将页面另存为"命令，如图 6-19 所示。

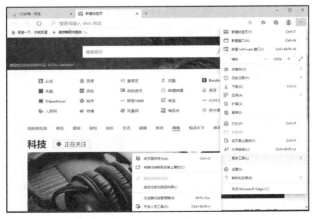

图 6-19　执行命令

在弹出的"另存为"对话框中指定当前网页的保存名称、位置等，如图 6-20 所示。

图 6-20   "另存为"对话框

如果只需要保存当前网页中的图片，则可选择要保存的图片，并单击鼠标右键，在弹出的快捷菜单中选择"图片另存为"命令，在弹出的"另存为"对话框中选择图片的保存位置，再单击"保存"按钮。

3. 搜索引擎的类型

搜索引擎一般有以下几种类型。

- 全文搜索引擎。全文搜索引擎有谷歌、百度等，它们从互联网中提取各个网站的信息（以网页文字为主）并建立数据库，从数据库中检索与用户查询条件相匹配的记录，并按一定的排列顺序返回结果。

- 目录索引类搜索引擎。目录索引是按目录分类的网站链接列表，用户可以按照目录分类找到所需信息，这种方式不依靠关键词进行查询。目录索引类搜索引擎中最具代表性的有Yahoo、新浪等。

- 元搜索引擎。元搜索引擎在接收到用户的查询请求后，会同时在多个搜索引擎上进行搜索，并将搜索结果返回给用户。元搜索引擎有 InfoSpace、Dogpile、Vivisimo、搜星搜索引擎等。

- 门户搜索引擎。AOL Search、MSN Search 等虽然提供搜索服务，但其自身既没有目录分类，也没有网页数据库，其搜索结果完全来自其他搜索引擎。

6.2.2   搜索引擎的工作原理

1. 搜索引擎的工作过程

（1）搜索信息。搜索引擎利用一个称为网络爬虫的自动搜索机器人程序，来连接每一个网页上的超链接。

（2）整理信息。搜索引擎整理信息的过程被称为"建立索引"。搜索引擎不仅要保存搜集到的信息，还要将它们按照一定的规则进行编排，便于用户查看。

（3）接收查询请求。用户向搜索引擎发出查询请求后，搜索引擎接收查询请求并向用户返回查询结果。目前搜索引擎返回的查询结果主要是以网页链接的形式提供的，通过这些链接，用户便能找到含有自己所需信息的网页。

在抓取网页的时候，网络爬虫一般采用广度优先和深度优先两种方法。广度优先是指网络爬虫会先抓取起始网页中链接的所有网页，然后选择其中的一个链接网页，继续抓取此网页中链接的所有网页。广度优先是最常用的方法，因为这个方法可以让网络爬虫实现并行处理，加快抓取速度。深度优先是指网络爬虫会从起始网页开始，一个链接一个链接地跟踪下去，处理完当前线路之后，再转入下一个起始网页，继续跟踪链接。深度优先的优点是网络爬虫在设计的时候比较容易。

由于不可能抓取所有的网页，因此有些网络爬虫对一些不太重要的网站设置了访问的层数。对于网站设计者来说，扁平化的网站结构有助于搜索引擎抓取更多的网页。

一般的网站拥有者都希望搜索引擎能更全面地抓取自己网站内的网页，因为这样就可以让更多的网民通过搜索引擎访问自己的网站。为了让自己网站的网页能更全面地被抓取到，一般网站管理员会建立一个网站地图文件（sitemap.htm）。许多网络爬虫会把该网站地图文件作为抓取一个网站网页的入口，网站管理员可以把网站内所有网页的链接都放在这个文件里面，网络爬虫就可以很方便地把整个网站抓取下来，避免遗漏某些网页，同时也可以减轻网站服务器的负担。

2．搜索引擎的局限性

对于搜索引擎来说，要抓取互联网上所有的网页几乎是不可能的。其中的原因一方面是网页抓取技术的瓶颈，仍有许多网页无法从其他网页的链接中找到，因此无法遍历所有的网页；另一方面是存储技术和处理技术的限制。如果按照每个网页的平均大小为 20KB 计算，100 亿个网页的数据总量就是 200TB。如果按照一台计算机每秒下载 20KB 的数据进行计算，则需要 340 台计算机不停地下载一年，才能把所有网页下载完毕。同时，由于数据量太大会影响搜索效率，因此许多搜索引擎的网络爬虫只抓取那些重要的网页。

6.2.3　中国知网的使用

中国知识基础设施工程（CNKI 工程）是以实现全社会知识信息资源共享为目标的国家信息化重点工程。中国知网作为 CNKI 工程的一个重要组成部分，已建成了中文信息量规模较大的CNKI 数字图书馆，其中的内容涵盖自然科学、工程技术、人文与社会科学期刊、博硕士论文、报纸、图书、会议论文等公共知识信息资源，为在互联网中共享知识信息资源提供了一个重要的平台。

中国知网数据库主要包括中国期刊全文数据库（CJFD）、中国重要报纸全文数据库（CCND）、中国优秀博硕士论文全文数据库（CDMD）等。中国知网的主页如图 6-21 所示。

其中，中国期刊全文数据库收录的期刊以学术、技术、政策指导、高等科普及教育类为主，同时收录部分基础教育、大众科普、大众文化和文艺作品类刊物。中国期刊全文数据库分为十大专辑：理工 A、理工 B、理工 C、农业、医药卫生、文史哲学、政治军事与法律、教育与社会科学综合、电子技术与信息科学、经济与管理。

图 6-21　中国知网的主页

中国期刊全文数据库主要提供 CAJ 格式和 PDF 格式的文献，因此，用户需要在计算机中预先安装相应的阅读器。

6.3　Internet 服务与应用

6.3.1　万维网服务

万维网（World Wide Web）以超文本标记语言（HTML）与超文本传输协议（HTTP）为基础，能够以友好的接口提供 Internet 信息查询服务。这些信息资源分布在全球数以亿万计的万维网服务器（或 Web 站点）上，并由提供信息的网站进行管理和更新。用户通过浏览器浏览 Web 网站上的信息，并可单击标记为"超链接"的文本或图形转换到世界各地的其他 Web 网站中，从而访问丰富的互联网信息资源。

1. Web 网站与 Web 网页

Web 系统采用浏览器/服务器工作模式，所有的客户端和 Web 服务器统一使用 TCP/IP 协议簇，使客户端通过浏览器和服务器的逻辑连接变成简单的点对点连接，用户只需要发出查询请求，该系统就可以自动完成查询操作。

若将万维网视为互联网上的一个大型图书馆，则 Web 网站上某一特定信息资源的所在地就如同图书馆中的书籍，而 Web 网页就是书中的某一页，Web 站点中的信息资源由一个个称为 Web 网页的文档组成。多个 Web 网页组合在一起便构成了一个 Web 站点，用户每次访问 Web 网站时，总是从一个特定的 Web 站点开始的。每个 Web 站点中的信息资源都有一个起始点，通常称为首页（Web 站点的起始页）。图 6-22 所示为 Web 网页的组成结构及超链接。

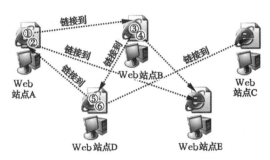

图 6-22　Web 网页的组成结构及超链接

Web 网页采用超文本格式，即每个 Web 网页中除包含其自身信息外，还包含指向其他 Web 网页的超链接，可以将超链接理解为指向其他 Web 网页的"指针"。超链接指向的 Web 网页可能在附近的一台计算机上，也可能在千里之外的另一台计算机上。但对用户来说，只需单击超链接，所需信息就会立刻显示在网页中，非常方便。需要说明的是，超文本不仅含有文本，还含有图像、音频、视频等多媒体对象，通常人们也把这种增强的超文本称为超媒体。

2. URL 与 HTTP

在互联网中的 Web 站点上，每一个信息资源都有统一的且在互联网上唯一的地址，该地址称为 URL（统一资源定位符）。URL 可用于确定互联网上信息资源的位置，方便用户通过 Web 浏览器查阅互联网上的信息资源。URL 包括资源类型、存放资源的主机域名及端口和网页路径，如图 6-23 所示。

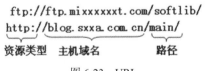

图 6-23　URL

HTTP 是 Web 服务器与浏览器间传送文件的协议，它是以浏览器/服务器模式为基础发展起来的信息传输方式。HTTP 以客户端浏览器和服务器互相发送消息的方式工作，用户通过浏览器向服务器发出请求，并访问服务器上的数据，服务器通过特定的公用网关接口程序返回数据，如图 6-24 所示。

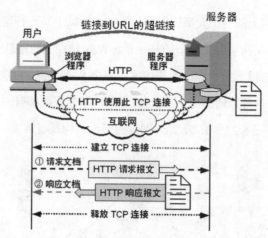

图 6-24　浏览器/服务器模式的工作过程

6.3.2　电子邮件服务

电子邮件（E-mail）服务是一种利用计算机网络交换电子信件的通信手段，它是互联网上广受欢迎的一项服务。它可以将电子邮件发送到收信人的邮箱中，收信人可以随时读取邮件。电子邮件不仅使用方便，而且大多数电子邮件程序都可免费使用。电子邮件不仅能传递文字信息，还可以传递图像、声音、动画等多媒体信息。

1.　电子邮件的收发过程

电子邮件系统采用客户机/服务器工作模式，由邮件服务器端与邮件客户端两部分组成。邮件服务器端包括发送端邮件服务器和接收端邮件服务器两类。发送端邮件服务器一般采用简单邮件传输协议（SMTP），当发送方发出一份电子邮件时，SMTP 服务器便根据收件地址将电子邮件送到接收方的接收端邮件服务器中；接收端邮件服务器为每个电子邮箱用户开辟了一块专用的存储空间，用于存放接收到的邮件。当接收方将自己的计算机连接到接收端邮件服务器并发出接收指令后，客户端计算机即可通过邮局协议（POP3）或交互式邮件存取协议（IMAP）下载并读取邮箱内的邮件。图 6-25 所示为电子邮件的收发过程。

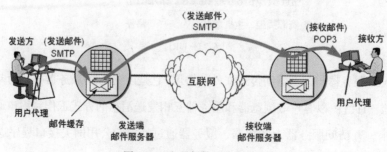

图 6-25　电子邮件的收发过程

2. 电子邮件地址

每个电子邮箱都有一个 E-mail 地址，E-mail 地址的格式为：用户名@邮箱所在主机的域名。其中，符号 "@" 表示 "在" 的意思；用户名必须是唯一的。例如，×××@163.com 就是一个用户的 E-mail 地址，它表示 "163" 邮件服务器上名为×××的用户的 E-mail 地址。

6.3.3　文件传输服务

FTP 是互联网上广泛使用的文件传输协议。FTP 能屏蔽计算机所处的位置、连接方式及操作系统等，并使在互联网上的计算机之间实现文件的传输成为可能。通过 FTP，用户可登录到远程计算机上并搜索需要的文件或程序，然后将其下载到本地计算机中，也可以将本地计算机中的文件上传到远程计算机上。FTP 采用客户机/服务器工作模式，用户的计算机称为 FTP 客户机，远程提供 FTP 服务的计算机称为 FTP 服务器。其工作过程如图 6-26 所示。

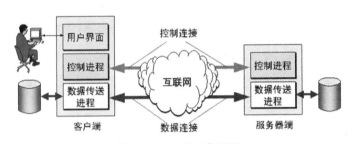

图 6-26　FTP 的工作过程

FTP 服务器通常是信息服务提供者的计算机。FTP 服务是一种实时联机服务，用户在访问 FTP 服务器之前需要先注册。互联网上的大多数 FTP 服务器都支持匿名服务，即以 anonymous 为用户名，把任何字符串或电子邮件的地址作为口令登录。当然，FTP 的匿名服务存在很大的局限性，匿名用户一般只能获取文件，而不能在远程计算机上创建文件或修改已存在的文件，并且其获取的文件也有严格的限制。

利用 FTP 传输文件的方式主要有以下 3 种。

1. FTP 命令行

UNIX 操作系统中有丰富的 FTP 命令集，能方便地完成文件传输等操作。

2. 浏览器

IE、Chrome、火狐等浏览器支持 FTP 服务，因此可以在它们的地址栏中直接输入 FTP 服务器的 IP 地址或域名，浏览器将自动调用 FTP 程序完成连接。例如，若要访问域名为 ftp://ftp.×××.edu.cn/的 FTP 服务器，则可以在浏览器的地址栏中输入 "ftp://ftp.×××.edu.cn/"，当连接成功后，浏览器中就会显示该服务器上的文件夹和文件名列表，如图 6-27 所示。

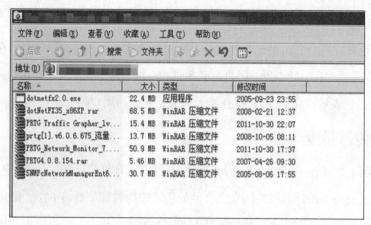

图 6-27　浏览 FTP 服务器

3．FTP 下载工具

FTP 下载工具同时具有可远程登录、对本地计算机和远程服务器的文件和目录进行管理，以及相互传输文件等功能。FTP 下载工具还具有断点续传功能，在网络连接意外中断后，可继续进行剩余部分的传输，保障了文件的下载速率。目前，CuteFTP 是比较常用的 FTP 下载工具，它是一个共享软件，功能强大，支持断点续传、上传、文件拖放等功能。

6.3.4　网盘

网盘又称网络 U 盘、网络硬盘、网络磁盘、网络空间、云端硬盘等，是由互联网公司推出的在线存储服务。服务器为用户划分一定的磁盘空间，且提供文件托管和文件上传、下载的服务。类似于 FTP 的网络服务，网盘为用户提供文件的存储、访问、备份、共享等文件管理等功能，并且拥有高级的世界各地的容灾备份。由于文件存储在服务供应商的服务器内，所以任何人都可以在任何时间、任何地点通过互联网访问文件。网盘不需要随身携带，更不怕丢失。

1．功能

（1）取代即时通信软件，无须双方同时在线，亦能以较快的速度发送文件。

（2）可存储机密及重要的文件，以防文件因计算机故障或被盗窃而外泄丢失。

（3）把文件存储于网盘上，方便随时随地下载使用文件，犹如随身携带硬盘。

（4）可在本地计算机上传文件，在其他计算机上下载使用文件。

（5）发送因体积太大而无法用电子邮箱发出的超大文件。

（6）建立一个网上交换中心，让用户共同访问、分享文件和多媒体文件。

（7）在线即时观看视频。

2．形式

（1）建立基于免费电子邮箱的服务。

（2）使用 Web 网页进行访问。

（3）与操作系统集成，能以与传统硬盘相似的方法访问。

（4）输入用户名及密码进行访问。

3. 传输方法

（1）上传文件

用户可通过浏览器上传文件，也可使用插件上传文件，少数使用专用软件上传文件。

（2）下载文件

用户可通过浏览器下载文件，也可使用专用软件（客户端程序）下载文件。

我国有百度网盘、联想企业网盘、华为网盘、360 云盘等知名下载专用软件。图 6-28 所示为百度网盘的登录界面。

图 6-28　百度网盘的登录界面

6.3.5　Telnet 远程登录服务

远程登录是指在本地计算机上通过互联网登录到另一台远程计算机上，远程计算机可以在本地计算机附近，也可以在千里之外。当登录到远程计算机上后，本地计算机相当于远程计算机的终端，操作者可以用本地计算机直接操纵远程计算机，利用远程计算机完成大量的操作，如查询数据库中的数据、检索资料等。

互联网远程登录服务的工作原理如图 6-29 所示。

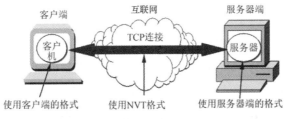

图 6-29　远程登录服务的工作原理

远程登录采用客户机/服务器的工作模式，用户进行远程登录时需要满足以下条件：本地计算机上必须安装有包含 Telnet 协议的客户程序；必须知道远程计算机的 IP 地址或域名；必须知道远程计算机的登录标识与口令。使用 Telnet 远程登录服务主要包括以下 4 个步骤。

（1）在本地计算机与远程计算机之间建立 TCP 连接，用户必须知道远程计算机的 IP 地址或域名。

（2）将本地计算机上输入的用户名、口令及输入的任何命令或字符串转换为 NVT 格式的数据传送到远程计算机上。

（3）将远程计算机输出的 NVT 格式的数据转换为本地计算机所能接收的格式的数据并送回本地计算机，这些数据包括输入命令回显和命令执行结果。

（4）从本地计算机上撤销与远程计算机的 TCP 连接。

现在许多图书馆都通过 Telnet 对外提供联机检索服务，一些政府部门和研究机构也将其数据库对外开放，供用户通过 Telnet 查询相关数据。一旦登录成功，用户便可使用远程计算机访问对外开放的全部信息资源。当然，若要在远程计算机上登录，则先要成为该系统的合法用户，并获得相应的账号和口令。

6.4　上机实践

6.4.1　上机实践 1

（1）在局域网环境下的一台计算机上建立一个共享文件夹，然后在工作组的其他计算机上浏览、使用该文件夹及其中的文件。

（2）在上机操作环境允许的条件下进行 TCP/IP 的属性设置，在可上网的环境下查看本机当前的 IP 地址。

6.4.2　上机实践 2

（1）IE 浏览器的常用操作。

①访问网易网，将该网站主页设置为浏览器的起始页，并将该网页保存为名为"网易"的网页文件。

②在主页中将一张图片保存为图片文件。

③将该网站中某条信息的内容保存到 Word 文档中，并将该网站的主页保存到收藏夹中。

（2）搜索引擎的使用。

①利用百度搜索引擎搜索"中国教育考试网"，查找全国计算机等级考试的相关信息，并下载

一份"考试大纲"。

　　②利用百度搜索引擎搜索全国知名高校的信息，查看相关信息并将各高校的网址记录下来，然后添加到收藏夹中。

　　（3）在新浪网中申请一个免费的电子邮箱，用申请的免费电子邮箱给好友发送电子邮件。

　　（4）访问中国知网（CNKI），查找一篇与自己专业相关的论文，并将其下载、保存。

参考文献

[1] 李凤霞，陈宇峰，史树敏．大学计算机[M]．北京：高等教育出版社，2014．

[2] 娄岩．大学计算机基础[M]．北京：科学出版社，2018．

[3] 张宇．计算机基础与应用[M]．北京：中国水利水电出版社，2014．

[4] 任成鑫．Windows 10 中文版操作系统从入门到精通．[M]．北京：中国青年出版社，2016．

[5] 熊燕，杨宁．大学计算机基础（Windows 10+Office 2016）[M]．北京：人民邮电出版社，2019．

[6] 郭瑾，康丽．大学计算机实验[M]．北京：科学出版社，2014．

[7] 刘文香．中文版 Office 2016 大全[M]．北京：清华大学出版社，2017．

[8] 顾玲芳．大学计算机基础上机实验指导与习题[M]．北京：中国铁道出版社，2014．

[9] 孙连科．大学计算机基础应用教程[M]．2 版．北京：中国水利水电出版社，2017．

[10] 白宝兴，周剑敏．大学计算机基础（Windows 7+Office 2010）[M]．天津：南开大学出版社，2017．

[11] 郭金兰．计算机网络应用技术实验教程[M]．西安：西安交通大学出版社，2016．

[12] 曾剑平．互联网大数据处理技术与应用[M]．北京：清华大学出版社，2017．